Stressmanagement

So beugen Sie dem Burn-out vor

Claudia Fiedler
Hans Plank

2. Auflage

C.H.BECK

So nutzen Sie dieses Buch

Die folgenden Elemente erleichtern Ihnen die Orientierung im Buch:

Beispiel

In diesem Buch finden Sie zahlreiche Beispiele, die die geschilderten Sachverhalte veranschaulichen.

Definitionen

Hier werden Begriffe kurz und prägnant erläutert.

! Die Merkekästen enthalten Empfehlungen und hilfreiche Tipps.

Auf den Punkt gebracht

Am Ende jedes Kapitels finden Sie eine kurze Zusammenfassung des behandelten Themas.

Inhalt

Vorwort

Stress ist in. Stress zu haben bedeutet, „dazuzugehören". Wer Stress hat, ist fleißig, ehrgeizig, leistungsstark und bekommt eher Aufmerksamkeit und Anerkennung von seiner Umgebung, von Freunden und Kollegen. Wer keinen Stress hat oder zumindest nicht so tut als ob, hat manchmal sogar ein schlechtes Gewissen, z. B. Kollegen gegenüber. Ohne Stress ist man uncool, langweilig, faul oder „alternativ".

Vor diesem Hintergrund müsste man fast schon mehr Energie dafür aufwenden, um gestresst zu sein, anstatt sich intensiv um die Stressbewältigung zu kümmern ...

Dabei wird oft übersehen, dass Stress auf Dauer negative Folgen haben kann – Beschwerden des Körpers und der Seele, die uns mitteilen wollen, dass etwas nicht stimmt.

Wer wirklich gestresst ist und nicht nur vorübergehend „Land unter" hat, leidet wirklich und riskiert seine Gesundheit.

Viele Untersuchungen berichten von steigenden beruflichen und privaten Belastungen: Die Statistiken von Krankenkassen weisen den psychischen Symptomen und Erkrankungen z. T. exorbitante Steigerungsraten zu. Stress soll der Auslöser für 75 Prozent aller Arztbesuche sein. „Burn-out" ist ein immer häufiger genanntes Schlagwort.

Viel ist schon getan, wenn wir das Phänomen ernst nehmen und – noch besser – uns möglichst frühzeitig darauf einstellen. Die Pflege unserer Autos ist gerade uns Deutschen oft sehr lieb – wenn wir nur einen Bruchteil der darauf verwendeten Zeit für unsere Stressbalance nutzen, haben wir alle Chancen, ernsten negativen Stressfolgen einen Riegel vorzuschieben.

Fakt ist: Stress ist unser Lebenselixier. Er bringt uns in Bewegung und hält uns fit. Seine negative Seite aber macht uns auf Dauer krank.

Deshalb ist es so wichtig, den Stress ernst zu nehmen, bevor er mit Schweißausbrüchen, Schlafstörungen, Magen-, Darm- und Kreislaufproblemen, Angst- und Panikzuständen, Depressionen, Suchtmittelmissbrauch und Ähnlichem deutlich auf sich aufmerksam macht.

Dieses Büchlein wird Ihnen das Phänomen „Stress" vorstellen, Ihnen Ursachen und Auswirkungen erläutern. Zahlreiche Tests laden Sie dazu ein, herauszufinden, inwieweit Sie mit Ihrer derzeitigen Lebenssituation klarkommen – ob Sie z. B. bereits Stresssymptome aufweisen, ob Sie Burn-out-gefährdet sind oder nicht. Und natürlich werden Ihnen auf den folgenden Seiten Techniken vorgestellt, die es Ihnen ermöglichen sollen, durch negativen Stress verursachten Erkrankungen nachhaltig vorzubeugen.

Wir hoffen, dass Ihnen das Büchlein eine Hilfe ist, sich gut auf Ihre „stressigen" Lebenssituationen einzustellen, und wünschen Ihnen, dass Sie sie mit Zuversicht, Mut und Geschick bewältigen.

Wozu Stressmanagement?

Das Berufsleben verlangt uns heutzutage allerhand ab. Und je mehr wir bereit sind zu geben, umso mehr erwartet man auch von uns. Was vielen dabei nicht bewusst ist, ist die Tatsache, dass sie nicht unbegrenzt leistungsfähig sind. Letztlich ist es im Beruf wie im Sport: Nur wenige Menschen laufen den Marathon unter drei Stunden – und doch meinen viele, im Arbeitsleben im übertragenen Sinn fünf Marathonläufe pro Woche absolvieren zu müssen.

Aber: Hochleistungssport ist auf Dauer ungesund. Und wer sich nicht intensiv um sich selbst kümmert und für genug Erholung sorgt, hat keine Chance, konkurrenzfähig zu werden oder zu bleiben. Extreme Belastungen lassen sich eine Zeit lang ertragen – bis irgendwann der Körper zurückschlägt. Deshalb ist Stressmanagement so wichtig.

Stressmanagement ist die möglichst optimale Vorbereitung auf das, was das Leben an Positivem und Negativem für uns bereithält. !

Etwas genauer formuliert – und in Anlehnung an Al Gores preisgekrönten Film über den „Stress" unserer Erde – kann man daraus auch einige „unbequeme Wahrheiten" ableiten, die man sich bewusst machen sollte:

Unbequeme Wahrheiten

Die wirtschaftlichen und gesellschaftlichen Entwicklungen unserer Zeit (Bedeutung der Familien, demografischer Wandel, Strukturwandel, Globalisierung) stellen uns vor immer neue Herausforderungen. Dieser Wandel hat unser Alltags- und Berufsleben bereits mehr oder weniger stark verändert und wird dies auch weiter tun. Die traditionellen „normalen“ Biografien lösen sich auf. Männer und Frauen sehen sich im Privat- und Berufsleben mit gänzlich neuen Anforderungen konfrontiert.

Im Übergang zur Informations- und Wissensgesellschaft des 21. Jahrhunderts wird Weiterbildung immer wichtiger: Fachqualifikationen veralten schnell, kein Arbeitsplatz ist mehr sicher und der Bedarf an Orientierung nimmt in dem Maße zu, wie Unsicherheit geschaffen wird. Die Berufspraxis wird immer stärker zu einem lebenslangen Lernprozess.

! Unsere schnelllebige Zeit stellt uns vor immer neue Herausforderungen. Um mithalten zu können, ist lebenslanges Lernen unerlässlich.

Bisher „natürliche“, lieb gewonnene Grenzen – vorgegebene Arbeitszeiten (Achtstundentag), stabile Einkommensverhältnisse, unbefristete Verträge, gewohnter beruflicher Status etc. – wird es so kaum noch geben. Wir werden uns weniger über spezifische Berufe definieren (Banker, Lehrer, Arzt), sondern mehr über die Fähigkeit, flexibel auf ständig neue Anforderungen und Veränderungen in Beruf, Umwelt, Kommunikation und Beziehungsgestaltung zu reagieren.

Der Einzelne ist immer stärker gefordert: Um körperlich und geistig handlungsfähig zu bleiben, ist die Entwicklung einer ganzheitlichen Lebenskompetenz dringend nötig. Zu dieser allseitig umfassenden Entwicklung der eigenen Persönlichkeit gehört ein Ausbalancieren der verschiedenen Lebensbereiche.

> Um zu einer Lebensbalance zu gelangen, müssen Sie sich mit Ihren Fähigkeiten, aber auch Ihren Grenzen auseinandersetzen. Überprüfen Sie Ihre (Lebens-)Einstellungen und deren Anpassung an Ihre persönliche Leistungsfähigkeit. Denken Sie rechtzeitig über potenzielle Probleme nach, um in Krisenzeiten das notwendige Bewältigungs-Instrumentarium zur Hand zu haben.

Der Einzelne ist gefordert

An Ihrer Lebensbalance müssen Sie ständig arbeiten. Wichtige Soft Skills in diesem Zusammenhang sind:

- Unsicherheiten aushalten,
- Grenzen selbst setzen,
- sich nicht auf andere verlassen oder anderen die Schuld für alles zuschieben,
- Konflikte und Krisen aktiv bewältigen, anstatt zu jammern,
- sich immer wieder neu erfinden.

Daraus ergeben sich Fragen und Aufgaben:

- Wie kann ich in steigender Komplexität meine kognitiven Fähigkeiten verbessern und balanciert denken lernen?
- Wie kann ich meine psychischen Potenziale stärken?
- Wie kann ich mich selbst und die Welt besser verstehen lernen?
- Was benötige ich, um gesund zu bleiben und mich fit zu halten?
- Wie kann ich bis ins hohe Alter meine Bereitschaft erhalten, ständig zu lernen und meine Erfahrungen gewinnbringend umzusetzen?
- Im Mittelpunkt steht die Notwendigkeit einer dauerhaften Lebensveränderung und nicht (mehr) der Wunsch nach vorübergehender Erholung und Entspannung.
- Es geht um Eigenverantwortung: besser, man verlässt sich nicht auf Hilfe von außen, sondern trifft seine Entscheidungen selbstständig.
- Ausgeglichenheit: die Fähigkeit zum positiven emotionalen Umgang mit der sozialen Umwelt, mit Partnerschaft, Beruf und Familie.

Auf den Punkt gebracht

Stressmanagement wird in Zukunft Teil unserer persönlichen Grundausstattung sein. Je früher wir uns damit beschäftigen, desto einfacher fällt die Umsetzung.

Stress – das Lebenselixier

Stress als Körperreaktion existiert nicht erst seit Kurzem, auch wenn der Begriff selbst erst ab der Mitte des 20. Jahrhunderts dafür verwendet wurde, in Mode kam und inzwischen fast schon inflationär benutzt wird.

Stress als Motor des Lebens

Ursprünglich stammt der englische Begriff „Stress" aus dem Gebiet der Materialprüfung und bezeichnete die Anspannung, Verzerrung und Verbiegung etwa von Metallen oder Glas.

In die Biologie wurde er ca. 1950 von dem ungarisch-kanadischen Mediziner Hans Selye eingebracht. Dort bezeichnete der Begriff etwas ganz Ähnliches: die Belastungen und Anstrengungen, denen Lebewesen tagtäglich durch unterschiedlichste Einflüsse ausgesetzt sind. Allmählich kam dann auch die Erkenntnis dazu, dass wir aufgrund unserer erworbenen Einstellungen und Werte mit zur Entstehung von Stress beitragen.

Stress wurde also als negativer Begriff eingeführt und benutzt und wird in der Regel auch immer noch so gesehen. Weniger bekannt ist seine hilfreiche, schützende Seite, die uns überhaupt erst in die Lage versetzt, mobil zu werden, unser Leben aktiv und produktiv zu bewältigen – ein Motor des Lebens.

! Stress ist ein seit Urzeiten bei Lebewesen aller Art eingebauter Mechanismus zum Schutz vor Gefahren.

Stress mobilisierte unsere Vorfahren in Gefahrensituationen, damit sie in Bruchteilen von Sekunden entweder vor wilden Tieren fliehen oder Feinde in die Flucht schlagen konnten. Angriff oder Flucht waren überlebensnotwendig.

Anruf mitten in der Nacht

Stellen Sie sich vor, Ihr Telefon klingelt plötzlich mitten in der Nacht. Vielleicht vergeht einige Zeit, bis Sie wahrgenommen haben, woher der Klingelton kommt. Aber dann sind Sie vermutlich hellwach und eilen darüber mutmaßend, was wohl passiert sein könnte, zum Apparat. Sie könnten bei Bedarf sofort wichtige Entscheidungen treffen und mühelos loslaufen. Anziehen, Treppensteigen, Autofahren würden Sie kaum als anstrengend empfinden, Ihre Rückenschmerzen vom Vorabend wären kein Thema. Ihre Müdigkeit bemerken Sie erst wieder, wenn sich alles beruhigt hat.

Anders sieht Ihre Reaktion bei einem erwarteten Anruf aus. Sie würden Zeit brauchen, um aufzustehen, damit Ihre Rückenschmerzen nicht noch schlimmer werden, schläfrig zum Telefon taumeln und nur allmählich etwas wacher werden. Vieles würde Ihnen auch dann noch alle Konzentration abverlangen: Anziehen, Treppensteigen, Autofahren …

Eustress vs. Distress

In vielen Büchern und Artikeln wird vom guten und schlechten Stress berichtet. Der gute wird dabei als „Eustress", der negative als „Distress" bezeichnet. Inzwischen sprechen Experten nur noch vom „Stress" und meinen damit das oben angesprochene Lebenselixier, das sowohl positive als auch negative Auswirkungen auf uns haben kann. Und dieses wird noch um einen weiteren Faktor erweitert: den unserer eigenen Einstellungen und Werte zu dem, was wir tun.

Unter Stress gerät man, wenn die Bewältigungsstrategien, die man sich erworben hat, nicht zu den gestellten Anforderungen passen.

Einzelkämpfer oder Teamplayer

Herr Huber, der als alleinerziehender Vater nach seiner Scheidung dachte, alles selbst in die Hand nehmen zu müssen, wird privat zunehmend gereizter und mürrisch. Er trinkt mehr als früher und zieht sich mit der Zeit immer weiter zurück. Am Arbeitsplatz bemerkt man nur, dass er stiller geworden ist.

Frau Maier, verheiratet, zwei Kinder im Alter von 12 und 15 Jahren, ist halbtags in einer Buchhandlung tätig. Ihr Mann ist als Unternehmensberater ständig auf Reisen. Frau Maier ist mit Arbeit, Haushalt und Kindern voll ausgelastet. Wenn dann noch etwas dazukommt, wird es eigentlich zu viel. Da sie nach mehreren Krisen im Leben jedoch gelernt hat, auch mal „nein" zu sagen, die Kinder schon immer dazu angehalten wurden, im Haushalt mitzuhelfen, und sie für ein gutes

Netzwerk von Freunden, Bekannten und anderen Helfern gesorgt hat, gelingt es ihr immer wieder, Belastungsspitzen ganz gut abzufangen.

Die beiden Beispiele zeigen: Es ist möglich und nötig, Belastungen aktiv und selbstbewusst anzugehen – man ist ihnen nicht hilflos ausgeliefert. Man kann ihnen begegnen, wenn man gut vorbereitet ist, sich selbst auch mal hinterfragt und, wenn nötig, auch mal nach neuen ungewohnten Lösungen sucht.

Das Yerkes-Dodson-Gesetz

Robert Yerkes und John Dodson untersuchten 1908, wie sich in einem System die Leistung in Abhängigkeit vom Grad der Aktivierung verändert. Sie fanden dabei heraus, dass die Kurve umgekehrt u-förmig verläuft und nicht, wie oft fälschlich vermutet, immer weiter steigt.

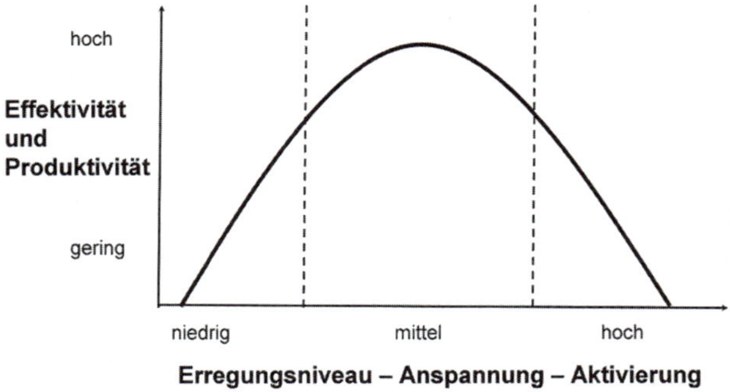

Das heißt:

Immer mehr Aktivierung bringt nicht immer noch mehr Leistung!

Etwas weniger kompliziert ausgedrückt:

Oft kennen wir nur den ersten Teil der Kurve, bei dem Menschen z. B. bei bestimmten Herausforderungen schneller und besser werden. Ihre „Performance" steigt, sie können sich besser auf das Wesentliche konzentrieren und so schneller lernen, Terminsachen erledigen und sportliche Höchstleistungen erzielen. Wenn der Chef Druck macht, wird man tatsächlich besser und effektiver und erwacht aus der Lethargie.

Aber: Dies geht nicht ewig so weiter. Irgendwann befinden wir uns an unserem Leistungshöhepunkt. Und der ist individuell sehr unterschiedlich. Ab da geht's dann wieder bergab. Wenn wir uns weiter antreiben, lässt unsere Effektivität nach. Wir merken das, weil „es nicht mehr so läuft, wie gewohnt", und denken uns, dass „das doch zu schaffen sein müsste". Und dann geben wir immer noch mehr Power, manchmal bis zum Zusammenbruch.

Wir sind also nicht beliebig weit aktivierbar – eigentlich eine recht lapidare Erkenntnis. Aber wenn man sich die enorm ansteigende Zahl an Erkrankungen ansieht, die mit ständigen, lang andauernden Überlastungs- und Überforderungssituationen zu tun haben, könnte man schon ins Grübeln kommen, warum Menschen sich das antun.

Die Stress-Leistungs-Kurve

Zunächst ein kleines Beispiel:

Positiver Stress – Dauerleistung

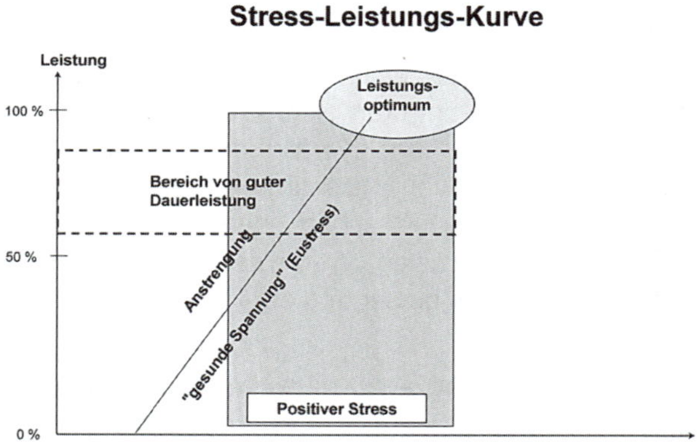

Frau Maier braucht am Morgen etwas Zeit, um ganz wach zu werden. Ihre Energie reicht zunächst aus, um sich arbeitsfertig zu machen: aufstehen, Toilette machen und Kinder versorgen – das geht fast automatisch. Nur beim Anziehen muss sie sich kurz zusammenreißen, damit Hosenanzug, Bluse und Halstuch auch zusammenpassen. Sie frühstückt immer erst auf dem Weg zur Arbeit, weil vorher noch nichts „reingeht". Nach dem Umweg über ein Café – auch der Kreislauf hat sich inzwischen stabilisiert – fühlt sie sich nun auf „Betriebstemperatur". Und das heißt, sie arbeitet im Bereich von 60–80 % ihrer Leistungsfähigkeit. „Wenn es ganz dick kommt, kann ich immer noch 'ne Schippe drauflegen", sagt sie mit einem Augenzwinkern.

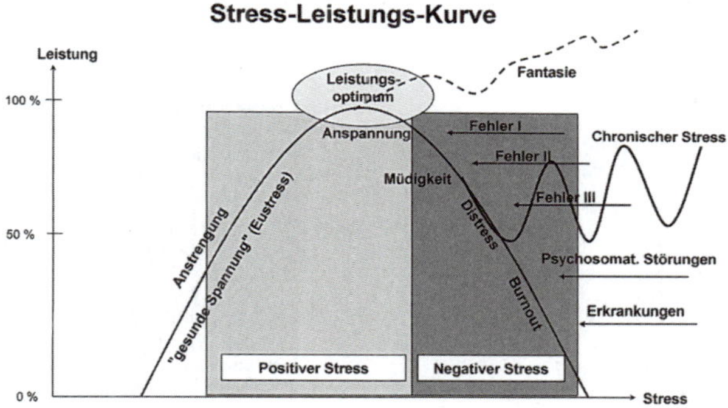

Die Stress-Leistungs-Kurve beschreibt den von Yerkes und Dodson gefundenen Zusammenhang noch genauer und ist auch mit Verhaltensweisen und Befindlichkeiten hinterlegt.

Ab einem gewissen, individuell sehr unterschiedlichen Punkt von optimaler Leistung bewirkt die Zufuhr von mehr Energie eine rasche Abnahme des Outputs. Zunächst verringert sich die Aufmerksamkeit und man macht kleinere und größere Fehler. Unter Dauerbelastung kommen dann auch körperliche Beschwerden hinzu:

Negativer Stress – Dauerbelastung, Überlastung

Herr Huber ist eigentlich Frühaufsteher. Er bringt seinen Körper schnell auf die nötige „Betriebstemperatur". Mit dem Klingeln des Weckers um 5 Uhr ist er schon hellwach, und wenn er um 7.30 Uhr zur Arbeit fährt, hat er bereits ein kurzes Frühstück hinuntergeschlungen und zwei Stunden intensiver Arbeit hinter sich. Er ist ein Anhänger der Theorie „Es gibt nicht zu viel Arbeit, sondern nur die falsche Einstellung dazu". Als Perfektionist sind ihm Nachlässigkeiten verhasst, Fehler gänzlich unerlaubt.

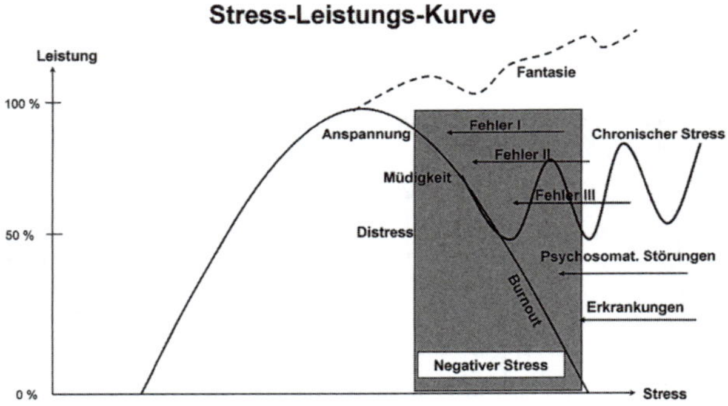

So überquert er sehr schnell und von ihm unbemerkt seinen Punkt der optimalen Leistungsfähigkeit: Er stellt fest, dass das Aufstehen seit einiger Zeit nicht mehr so gut klappt. Er fühlt sich schlapp und vermutet eine Krankheit dahinter. Sein Arzt kann aber für das Schwindelgefühl und die Rückenschmerzen keine organischen Ursachen entdecken. Auf die Frage, was sonst noch so los sei, erzählt Herr Huber, dass ihm in letzter Zeit vollkommen unübliche und unerklärliche Fehler unterlaufen. Einmal habe er eine falsche Rechenformel angewandt, es aber zum Glück noch rechtzeitig bemerkt und korrigiert (siehe Abb. „Fehler I"). Ein anderes Mal hätte er einen simplen Additionsfehler nicht bemerkt, wenn ihn sein Mitarbeiter nicht darauf hingewiesen hätte (siehe Abb. „Fehler II"). Aber letztlich sei ihm etwas passiert, was ihn schon mitgenommen habe: von demselben Mitarbeiter auf einen ähnlichen Fehler angesprochen, habe er darauf bestanden, nichts falsch gemacht zu haben, und den Mitarbeiter angegangen, was diesem einfalle, seine Arbeit zu kontrollieren (siehe Abb. „Fehler III"). Erst als sein Chef ihn zum Gespräch bat, ob er sein Verhalten und seinen Fehler nicht noch ein-

mal Revue passieren lassen wolle, sei er einsichtig gewesen. Gleichzeitig sei innerlich etwas in ihm zusammengebrochen. Und wenn er ehrlich sei, kämen ihm auch manchmal ohne großen Anlass einfach die Tränen. Möglich, dass das mit seiner Befindlichkeit zu tun habe. Aber wenn es ihm wieder besser gehe, würde er wieder „voll angreifen".

Andererseits sei da sein Kollege, der seit Kurzem nach einem halben Jahr Krankheit in der beruflichen Wiedereingliederungsphase steckt. Herr Huber habe nie verstanden, dass jemand so lange krank sein kann. Er vermutete, der Kollege hatte einfach keine Lust mehr. Aber nachdem dieser über sein Burn-out berichtete und wie er damit immer noch zu kämpfen habe, mache es ihm, ehrlich gesagt, nun schon Angst, wenn er an seine eigenen Probleme denke.

Die durch Dauerbelastung bedingten körperlichen Beschwerden entstehen dort, wo auch die persönlichen Schwachstellen liegen.

Belastbarkeit und Überforderung

Die individuelle Belastbarkeit regelt die Stressanfälligkeit und spielt eine große Rolle bei der Gefahr, an den Stressfolgen zu erkranken. Wenn Sie eine hohe Belastbarkeitsgrenze haben, werden Sie schwächer und weniger schnell auf Stress reagieren. Sie erholen und entspannen sich auch schneller und Ihr Erkrankungsrisiko ist geringer.

Bei einer geringeren allgemeinen Belastbarkeit sind Psyche und Körper schneller alarmiert und reagieren demnach auch intensiver und schneller auf Stress auslösende Situationen.

Die Gefahr, an den Folgen von Stress zu erkranken, ist größer.

> **!** Um die eigene Belastbarkeit gut einschätzen zu können, ist es hilfreich, Anzeichen einer Überforderung möglichst frühzeitig wahr- und auch ernst zu nehmen.

Wenn Sie feststellen, dass Sie sich in letzter Zeit viel häufiger ärgern, wenn Sie z. B. am Wochenende länger brauchen, um sich wieder von der Arbeitswoche zu erholen, wenn Sie körperliche Beschwerden wahrnehmen, dann sollten Sie beginnen, der Überforderung entgegenzuwirken.

Anzeichen einer Überforderung können sein:

- Erhöhung der Infekt- oder Krankheitsanfälligkeit allgemein,
- Nachlassen der körperlichen und geistigen Leistungsfähigkeit,
- körperliche und seelische Reaktionen schon bei eher geringen Anlässen,
- Stress wirkt stärker als gewohnt,
- Erholung dauert länger als üblich,
- Häufung von Fehlern bei der Arbeit,
- Gefühle von Resignation und Planlosigkeit,
- Stressreaktion auf allen Ebenen: kognitiv, emotional, vegetativ, muskulär.

Persönliche Schwachstellen kennenlernen

Wenn Sie Ihre persönlichen Schwachstellen nicht kennen, führen Sie sich verschiedene Lebenssituationen vor Augen, in denen Ihre Belastungen sehr hoch oder zu hoch waren, und überlegen Sie, welche Beschwerden bei Ihnen in den vier Bereichen (kognitiv, emotional, vegetativ-hormonell, muskulär) entstanden sind.

Ständige Überlastung kann zu ernsthaften Erkrankungen führen. Auch Burn-out ist hier als Dauerüberlastungsphänomen zu nennen. **!**

Nicht wenige pendeln im negativen Stressbereich zwischen Hoffen und Bangen: Zeiten starker Anstrengung und Überlastung wechseln sich mit kurzfristigen Entlastungsinseln –Wochenenden, Kurzurlaube und dergleichen – ab. Sie stehen damit unter chronischem Stress, der sich jederzeit weiter verschlimmern kann.

Das Selbst-Lern-Programm, das Sie im folgenden Kapitel finden, soll Ihnen eine Möglichkeit bieten, es gar nicht erst so weit kommen zu lassen, oder Ihnen helfen, den Weg zurück zu gesundheitlich unbedenklichen Leistungsbereichen zu finden.

Wie ist Ihre Ausgangssituation? – Ein Selbst-Lern-Programm

Mithilfe der Tests auf den nächsten Seiten können Sie Ideen entwickeln, wie für Sie ein nachhaltiges Stressmanagement aussehen könnte. Sie werden

- eine persönliche Landkarte für Ressourcen- und Problemfelder erstellen (Stress-Ressourcen-Barometer, s. u.),
- Ihre aktuelle Ist-Situation mit Ihrem Wunsch-(Soll-)Zustand abgleichen (Wunsch-Ist-Torte) und
- einen akzeptablen Weg finden, diese zu verbinden (Timeline).

Beantworten Sie zunächst die Fragen des Stress-Ressourcen-Barometers. Stellen Sie anschließend Ihr Ist-Wunsch-Modell grafisch dar (siehe unten). Falls es dabei Diskrepanzen gibt, formulieren Sie Ziele, die es Ihnen ermöglichen, so nah wie möglich an Ihre Wunschvorstellung heranzukommen, und tragen diese in einer Timeline ein, damit Sie immer einen Überblick über Ihre anstehenden Aufgaben und Ihre Fortschritte haben.

Das Stress-Ressourcen-Barometer

Mit diesem Test können Sie sich ein Bild von Ihrer Stress- und Ressourcensituation machen: Woher bekommen Sie Kraft? Wohin stecken Sie Ihre Energien? Wie ausgeglichen ist Ihre Bilanz insgesamt?

Beantworten Sie zunächst die folgenden Fragen und addieren Sie jeweils die Punkte bei den einzelnen Abschnitten.

Punktezahl für alle Fragen bis auf 5 und 10:

trifft voll zu: 5; trifft im Großen und Ganzen zu: 4; bin unentschieden: 3; trifft eher nicht zu: 2; trifft nicht zu: 1

Punktezahl für die Fragen 5 und 10:

trifft voll zu: 1; trifft im Großen und Ganzen zu: 2; bin unentschieden: 3; trifft eher nicht zu: 4; trifft nicht zu: 5

1. Ernährung – Körperpflege	
Auf Essen und Körperpflege lege ich großen Wert.	
Obst und Gemüse stehen immer auf dem Speiseplan.	
Ich bin Nichtraucher und trinke wenig Alkohol.	
Gesamt	
2. Familie/Freunde/soziale Kontakte	
Sowohl mit Anzahl als auch Qualität meiner Beziehungen (Freunde, Verwandte, Bekannte) bin ich zufrieden.	
Auf meine Freunde kann ich zählen.	
Es gibt immer einen Menschen, der mir beisteht, wenn ich Hilfe brauche.	
Gesamt	
3. Hobbys	
Ich übe mindestens ein Hobby regelmäßig aus.	
Arbeit und Hobby sollten nichts miteinander zu tun haben.	
Bewegung gehört zweimal pro Woche dazu.	
Gesamt	

4. Arbeit	
Im Allgemeinen mache ich meine Arbeit gern.	
Mit Kollegen und Führungskräften komme ich gut aus.	
Den Belastungen fühle ich mich meist gewachsen.	
Gesamt	
5. Ungeplante Zeit	
Ich komme kaum dazu, Zeit für mich einzuplanen.	
Langeweile ist ein Gefühl, das mir unangenehm ist.	
Mein Urlaub ist immer geplant und gefüllt mit Aktivitäten.	
Gesamt	
6. Gesundheit – Körper	
Ich fühle mich körperlich fit und gesund.	
Ich gehe regelmäßig zu Vorsorgeuntersuchungen.	
Ich kenne meinen Körper und seine Reaktionen.	
Gesamt	
7. Gesundheit – Psyche	
Ich fühle mich psychisch stabil.	
Mit Krisen und Problemen komme ich gut klar.	
Ich kenne meine „Symptome“, wenn es an die Grenzen geht.	
Gesamt	
8. Lebenssinn	
Im Allgemeinen finde ich mein Leben ganz o. k.	
Meine Alltagstätigkeiten halte ich für sinnvoll.	

Bei Problemen finde ich eigentlich immer eine Lösung.	
Gesamt	
9. Schlaf	
Ich fühle mich am Morgen ausgeruht und erholt.	
Ich schlafe regelmäßig mindestens sechs Stunden pro Nacht.	
Schlafstörungen kenne ich nur vom Hörensagen.	
Gesamt	
10. Stress	
Die Probleme drohen mir zu entgleiten.	
Ich habe vieles nicht mehr im Griff.	
Die Dinge entwickeln sich nicht so, wie ich mir das vorgestellt und gewünscht habe.	
Gesamt	

Auswertung des Stress-Ressourcen-Barometers

Übertragen Sie die in den einzelnen Kategorien addierten Werte in die folgende Grafik. Diese können von minimal 3 bis maximale 15 Punkte reichen:

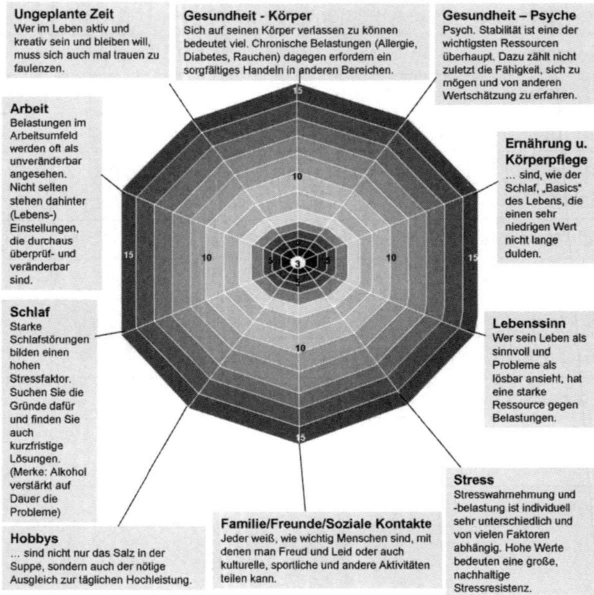

Am Ende verbinden Sie alle Punkte zu Ihrem persönlichen Stress-Ressourcen-Profil, wie in der folgenden Beispielgrafik zu sehen ist:

Gehen Sie nun Ihr Profil Punkt für Punkt durch:

- Alle Bereiche, die zwischen 15 und 10 Punkten liegen, sind Kraftquellen, die dazu beitragen, dass Sie zufrieden und ausgeglichen sind, die Ihnen Mut und Motivation spenden und die Ihnen helfen können, Anforderungen in anderen Bereichen auszuhalten und auszugleichen.

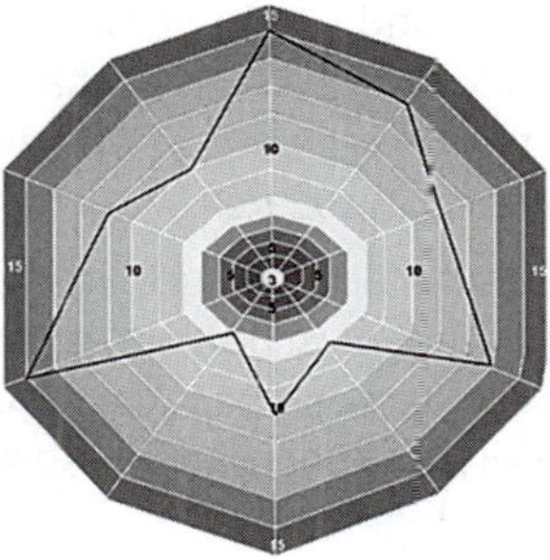

- Alles, was im Bereich zwischen 9 und 7 Punkten liegt, ist keine Kraftquelle mehr. Hier empfiehlt sich die Überlegung, ob und wie es wieder eine werden kann.
- In den Bereichen, in denen Sie weniger als 7 Punkte eintragen konnten, ist Ihre Belastung im Moment offenbar sehr hoch. Möglicherweise handelt es sich auch um Überlastungen, die auf Dauer zu einem Problem werden können. Hilfreich sind hier Überlegungen, wie die Belastungen dauerhaft reduziert werden können, aber auch welche kurzfristigen Methoden möglich wären.

Bewertung des Stress-Ressourcen-Tests

Bedenken Sie, dass der Test nur eine Momentaufnahme darstellt. Er muss von Ihnen weiter bearbeitet und bewertet werden. Bei den wenigsten bewegt sich alles im oberen Punktebereich. Veränderungen im Privatleben, Unglücksfälle in der Familie, berufliche Wechsel, wenig Schlaf, unausgewogene Ernährung etc. lassen die Punktezahl in den entsprechenden Feldern schnell sinken.

Manche Belastungen sind kurzfristig und überschaubar. Hier könnte man die Situation einfach aushalten (lernen), auch wenn es nicht einfach erscheint – in Abwandlung der Redewendung „Augen auf und durch".

Bei anderen sieht man vielleicht noch kein Licht am Ende des Tunnels. Das verlangt dann schon ein etwas genaueres Hinsehen auf der Suche nach Wegen, die möglich und sinnvoll zu beschreiten sind. Im Kapitel zur Stressbewältigung finden Sie dazu viele Anregungen.

Manchmal ist eine Veränderung zumindest kurzfristig nicht möglich. Wer sich beispielsweise von seinem Partner getrennt hat, wer sich eine neue Arbeit suchen muss oder will, wem (wegen Eigenbedarfs) die Wohnung gekündigt wurde, braucht in der Regel Zeit, um alles zu verdauen und sich wieder zu sammeln.

Auch wer gerne einen anderen, weniger aufreibenden Job hätte, bei dem aber ein Wechsel derzeit aussichtslos erscheint (oder aus anderen Gründen nicht möglich ist), muss sich kurzfristig andere persönliche „Tankstellen" suchen.

! In Lebensbereiche, die aktuell unveränderbar sind, sollte man nicht mehr investieren als nötig. Man benutzt die vorhandene Energie besser für Lebensbereiche, die größere Chancen versprechen.

Musik als Rettungsanker

Frau Maier wusste, dass sich nach der Übernahme ihres Unternehmens durch ein anderes einiges verändern würde. Ihr war klar, dass die Veränderungen für sie eine Belastung darstellen würden und dass sie daran nichts ändern konnte. Nach einigen Nächten, in denen es in ihrem Kopf rundging, fasste sie den Entschluss: Sie wollte, ihr Hobby des Musizierens auszubauen und neben Klavier, das sie passabel beherrschte, noch ein weiteres Instrument lernen. Nachdem sie sich eine Oboe beschafft und bei einem Musiker einige Stunden absolviert hatte, merkte sie jedes Mal beim Üben nach der Arbeit, wie die Belastungen von ihr abfielen und sie die Abende zunehmend entspannter verbringen konnte. Nach einiger Zeit wuchs auch ihre Arbeitsmotivation wieder. Drei Jahre später behauptete sie: „Ohne meine Oboe hätte ich das nicht geschafft." Auf die Idee ist sie durch die Tortenmethode gekommen.

Wunsch-Ist-Torte

Anleitung zur Benutzung

1. Nehmen Sie zwei Blätter Papier und malen Sie auf jedes einen großen Kreis (Torte).
2. Überlegen Sie zunächst, wie viel Zeit Sie für die einzelnen Tätigkeiten täglich ungefähr benötigen (Ist-Torte). Wenn Sie noch zusätzliche Kategorien finden, können Sie diese unter „ungeplante Zeit, Sonstiges" eintragen, oder Sie erweitern Ihre Torte einfach um ein zusätzliches Stück.

   Schlaf ________ Std.

   Arbeit ________ Std.

   Essen, Körperpflege ________ Std.

   Hobbys ________ Std.

Familie, Freunde, soziale Kontakte ________ Std.

Bewegung, Sport ________ Std.

Ungeplante Zeit, Sonstiges ________ Std.

Gesamtzeit 24 Std.

3. Überlegen Sie, wie viel Zeit Sie für die einzelnen Tätigkeiten gerne aufwenden möchten (Wunsch-Torte). Gehen Sie dabei keine Kompromisse ein. Es zählt allein, wie Sie Ihr Leben derzeit gerne verbringen würden. Die einzige Begrenzung bildet natürlich der 24-Stunden-Tag!

Schlaf ________ Std.

Arbeit ________ Std.

Essen, Körperpflege ________ Std.

Hobbys ________ Std.

Familie, Freunde, soziale Kontakte ________ Std.

Bewegung, Sport ________ Std.

Ungeplante Zeit, Sonstiges ________ Std.

Gesamtzeit 24 Std.

4. Übersetzen Sie die Zeiten in entsprechend große Tortenstücke und tragen Sie sie in die jeweilige Gesamttorte ein.

Herr Huber und seine Torte

Am Beispiel von Herrn Huber kann man erkennen, dass er weniger arbeiten sollte, um mehr Zeit zur Regeneration (Schlafen, Zeit für sich selbst), Hobbys und Sport zur Verfügung zu haben. Außerdem sollte er mehr Kontakte pflegen.

Tagesplan (IST)

Schlaf	5,5 Std.
Arbeit	14 Std.
Essen, Körperpflege	2 Std.
Hobbys	1 Std.
Familie, Freunde	1 Std.
Bewegung, Sport	0 Std.
Ungeplante Zeit, Sonst.	0,5 Std.
Gesamtzeit	24 Std.

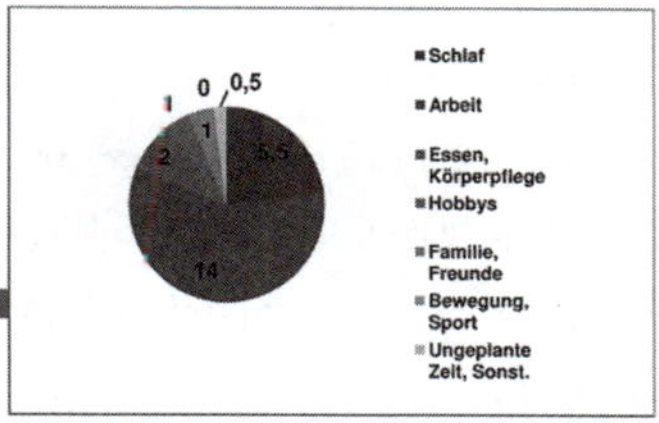

Tagesplan (SOLL)

Schlaf	7 Std.
Arbeit	9 Std.
Essen, Körperpflege	2 Std.
Hobbys	2 Std.
Familie, Freunde	2 Std.
Bewegung, Sport	0,5 Std.
Ungeplante Zeit, Sonst.	1,5 Std.
Gesamtzeit	24 Std.

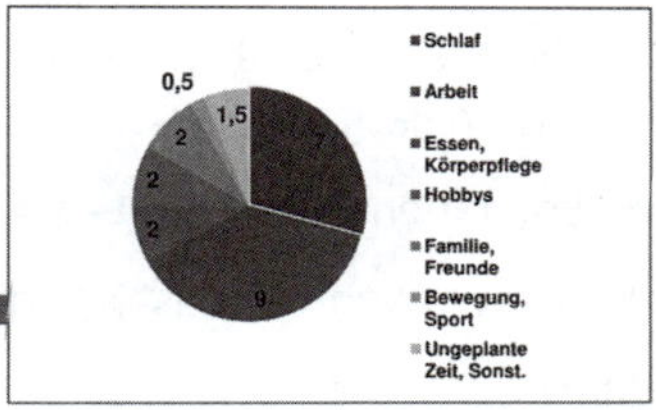

5. Bevor Sie mit der Auswertung beginnen: Kontrollieren Sie Ihre Torten und vergegenwärtigen Sie sich noch einmal Ihre Gedankengänge:
   - Hat Ihr Tag auf beiden Torten tatsächlich 24 Stunden?
   - Haben Sie vielleicht einen Bereich vergessen?
   - Entsprechen die Relationen der Wunsch-Torte wirklich Ihren Vorstellungen?
   - Nehmen Sie sich auch mal Zeit für sich selbst (ungeplante Zeit)?
   - Haben Sie ausreichend Zeit für Essen eingeplant?
   - Wie viel schlafen Sie?
   - Tauchen Gewissensbisse, Selbstvorwürfe auf?
   - Sind Sie zufrieden?

- Handeln Sie mit sich selbst um die Größe einzelner Tortenstücke?
- Sind Sie bei der Wunschtorte schon Kompromisse eingegangen, obwohl es nicht erlaubt war?

6. Auswertung: Vergleichen Sie die beiden Torten:
   - Sehen die Torten ähnlich oder sehr verschieden aus?
   - Welche Tortenstücke unterscheiden sich deutlich und woran liegt das?
   - Entstehen Wünsche, etwas zu verändern?
   - An welchen Tortenstücken wollen Sie arbeiten?
7. Machen Sie sich eine Liste mit Veränderungswünschen!
   - Ordnen Sie diese Liste nach „Wichtigkeit“.
   - Bringen Sie sie in eine Reihenfolge nach „Schwierigkeit der Veränderungen“, beginnend mit dem einfachsten Punkt. Überlegen Sie: „Wie realistisch ist eine Veränderung?“ (Vergessen Sie nicht: Veränderungen nur dort, wo es möglich ist.)
8. Entscheiden Sie sich nun, womit Sie beginnen wollen!
   - Was brauchen Sie dazu, um eine Verbesserung zu erreichen?
   - Wie lange wird das vermutlich dauern?
   - Woran werden Sie merken, dass Sie Ihr Ziel erreicht haben?
   - Wann wollen Sie beginnen?
   - Wie können Sie sich für Fortschritte belohnen?

- Planen Sie bei allen Veränderungen auch Rückschläge mit ein – die gehören dazu!
- Wer kann Ihnen behilflich sein, als Pate, Berater etc.?
- Welche einzelnen Schritte sind nötig, damit Sie Ihr Ziel erreichen können?

9. Fertigen Sie sich dazu eine „Timeline" an!

Die Timeline-Methode

Wenn Sie Ihre individuellen Stressoren kennen, sich Gedanken über eine gesunde Life-Balance gemacht haben und so Ansatzpunkte für – wenn auch nur kleine – Veränderungen gefunden haben, können Sie Ihre Ziele mithilfe einer einfachen, aber wirkungsvollen Technik, einem Trainingsplan, in die Tat umzusetzen – der Timeline.

Sie sorgt dafür,

- dass Sie Ihre Ziele nicht aus den Augen verlieren,
- dass diese inhaltlich und zeitlich zu Ihnen passen,
- dass Sie sich einer plötzlich einsetzenden Trägheit widersetzen können, die häufig auftritt, wenn alte Gewohnheiten verändert werden sollen,
- dass Sie diversen auftauchenden inneren Stimmen entgegenwirken können, die möglicherweise behaupten: „das klappt ja nie", „viel zu schwierig", „völlig ungewohnt", „lass die Finger davon", „Psychokram" usw.

Sie können das mit sich selbst besprechen. Wenn man Neues lernen möchte, hilft allerdings oft auch ein „Trainer" oder

„Pate“, der einem Tipps geben kann, den Trainingsplan mit überwacht und jederzeit dafür sorgt, dass man seine Hausaufgaben nicht vergisst. Solche Personen können gute Freunde sein, die es drauf haben zu motivieren und auch mal konstruktive Kritik zu üben. Oder man sucht sich unabhängige Trainer mit neutralem, distanziertem Blick. Dazu können Sie sich gerne an einen „Profi Ihres Vertrauens“ wenden.

! Bedenken Sie bitte, dass Einstellungsänderungen länger brauchen und oft besser mit zusätzlicher fremder Hilfe möglich sind.

Anleitung:

1. Wenn Sie wissen, wohin Sie wollen, sollten Sie Ihr Vorhaben als (konkretes, überprüfbares) Ziel formulieren. Dies haben Sie vielleicht schon beim Erstellen Ihrer Wunsch-Ist-Torte erledigt. Falls nicht, hier noch einige Fragen, die Sie sich stellen sollten:
   - Was will ich bis wann verändern?
   - Wen brauche ich dazu?
   - Woran merke ich die Veränderungen?
2. Als Nächstes gilt es, den Prozess in Schritte zu unterteilen und mit konkreten Aufgaben zu unterfüttern: Was möchte ich wann (evtl. mit wem) wie tun?
3. Schließlich, nach der Entscheidung über die Dauer, tragen Sie die einzelnen Schritte auf Ihrer Timeline ein.

Blanko-Trainingsplan

1

März	*April*	*Mai*	*Juni*

2

Woche 1	*Woche 2*	*Woche 3*	*Woche 4*

3

Montag	*Dienstag*	*Mittwoch*	*Donnerstag*

4

0 1 2 3 4 5 6 7 8 9 1 11 12 13 Uhr

4. Am Ende sollten Sie sich auch für Ihre Geduld und Beharrlichkeit gebührend belohnen.

Schritt für Schritt zum Oboespielen

Frau Maiers Entscheidung, Oboe spielen zu lernen, war ein alter Wunschtraum, von dem sie nicht dachte, dass er jemals Beachtung fände. Nach ihrem Entschluss machte sie sich anhand der Timeline-Methode einen Zeitplan für die Anschaffung des Instrumentes, das Finden eines passenden Lehrers und die Unterrichts- und Übungsstunden und konnte so innerhalb eines halben Jahres schon ganz nette Stückchen spielen. So gewann sie doppelt: ihre Musik zurück und eine gesunde Distanz zum Job, der ihr nun sogar wieder mehr Spaß machte, weil sie sich auf die wesentlichen Aufgaben konzentrieren konnte.

Bevor Sie sich der Stressbewältigung widmen, können Sie auf den folgenden Seiten noch erfahren, wie Stress funktioniert. Auch hier finden Sie viele zusätzliche Tests und Beispiele.

Stresspersönlichkeit: Wie anfällig sind Sie?

Stress ist lebensnotwendig und für das Wohlbefinden des Menschen unerlässlich. Stress fördert die Weiterentwicklung und spornt zur Leistung an. Jede körperliche und geistige Anstrengung, jede Problemlösung benötigt eine gewisse Menge an Stressenergie. Auf der anderen Seite kann Stress kurz- und langfristig aber auch ungünstige Auswirkungen auf das psychische und physische Befinden haben, und zwar immer dann, wenn die Stressdosis erhöht ist. Die Stressdosis wird bestimmt durch

- Häufigkeit
- Vielfalt
- Dauer und
- Intensität,

mit der Stressoren (im Kapitel zum Stressgeschehen genauer erläutert) auf den Organismus einwirken, und die individuelle Bewertung, also die Art und Weise, wie wir selbst die Situation beurteilen: als bedrohlich, als kräftezehrend oder als durchaus bewältigbar. Dabei können alle denkbaren Situationen, die vom Individuum als unangenehm und/oder bedrohlich erlebt und bewertet werden, Stressauslöser sein. Besonders starke Stressoren sind Enttäuschungen, die Angst zu versagen, Überforderung oder Unsicherheiten in der Beurteilung der Situation.

! Stress ist individuell. Die persönliche Bewertung entscheidet jeweils darüber, ob bestimmte Situationen als Stress empfunden und erlebt werden oder nicht.

Eine Situation – zwei Bewertungen

Herr Huber und Frau Maier halten in ihren jeweiligen Betrieben vor einer größeren Gruppe eine Präsentation. Beide sind gründlich vorbereitet und haben umfassende Fachkenntnisse. Frau Maier ist redegewandt, man hört ihr gerne zu, sie nutzt die Gelegenheit, sich gut darzustellen und hat Spaß an einer solchen Präsentation. Gedanken wie „das schaffe ich mit Leichtigkeit, ich bin genauso gut wie die anderen, ich bin gut vorbereitet" begleiten Frau Maier; die Diskussion belebt sie.

Herr Huber ist dagegen eher introvertiert, verschlossen und unsicher, traut sich wenig zu und gesteht sich und anderen keine Fehler zu. Gedanken wie „ich schaffe das nie, ich blamiere mich, ich hätte mich noch besser vorbereiten sollen" tauchen auf. Es macht ihm Angst, sich vor der Gruppe zu präsentieren; körperliche Reaktionen und negative Selbstgespräche führen zu noch mehr Nervosität. Er beginnt zu schwitzen, sein Mund fühlt sich trocken an, er verhaspelt sich und seine Gedanken kreisen ständig darum, „so etwas eigentlich nicht zu können".

Die gleiche Situation erzeugt bei zwei verschiedenen Menschen unterschiedliche Reaktionen. Für die eine Person ist der Vortrag beflügelnd, für die andere eher belastend.

> Nicht die Situation als solche erzeugt die Gefühle, sondern die Tatsache, wie wir darüber denken und sie bewerten!

Die individuelle Bewertung der jeweiligen Situation kommt daher, dass jeder Mensch seine Einstellung, Persönlichkeit, Fertigkeiten, Bewältigungsstrategien und seine Belastbarkeit aus den bisherigen Lebenserfahrungen und den persönlichen Veranlagungen entwickelt.

Auch hinsichtlich der Bewertung der eigenen Stressreaktion unterscheiden sich die Menschen. Während manche sich in stressigen Situationen sehr aufregen, dadurch noch mehr in Hektik und somit in einen Teufelskreis geraten, stellen die anderen auf Stress beruhende Reaktionen lediglich fest, ohne dass es sie entscheidend beeinflusst.

Wir können durch die richtige subjektive Bewertung und die anschließende Bewältigung in diesen Prozess eingreifen: Wir haben die Chance, den Stress nicht als gegeben hinzunehmen, sondern uns mit ihm positiv, aber auch realistisch auseinanderzusetzen.

! Menschen, die sich den Anforderungen gewachsen fühlen, laufen weniger Gefahr, an den Folgen von Stress zu erkranken, als solche, die meinen, den gestellten Aufgaben und Anforderungen hilflos gegenüberzustehen.

Es gibt auch geschlechtsspezifische Unterschiede hinsichtlich Stresserleben und Stressverhalten. Männer beispielsweise haben häufiger Angst davor, eine Situation nicht im Griff oder keinen Überblick zu haben. Sie entwickeln häufiger ein Gefühl der Hilflosigkeit und geraten dadurch in Stress, während Frauen eher Situationen als stressig empfinden, die die Harmonie stören, wie es beispielsweise bei Konflikten oder Diskussionen der Fall ist. Zusätzlich neigen viele Frauen dazu, bei Missgeschicken die Fehler und die Schuld bei sich selbst zu suchen.

Solche Verhaltensweisen sind nicht angeboren, sondern im Laufe des Lebens erlernt und somit auch durchaus veränderbar. Die Stressforschung unterscheidet verschiedene Stresstypen:

Stresstypen

Sind Sie nur zufrieden, wenn Sie aktiv sind und Leistung erbringen? Haben Sie wenig Geduld mit sich und anderen? Können Sie das Leben nicht einfach nur genießen?

Personen mit diesem Verhaltensmuster werden in der Stressforschung als „Typ-A-Menschen" genannt. Merkmale wie hohes Leistungsstreben, Perfektionismus, hohes Verantwortungsbewusstsein, Verausgabungsbereitschaft, starke Zielorientierung, Konkurrenzdenken, Streben nach Macht und Anerkennung, Rastlosigkeit, Hektik, geringe Bereitschaft zum Zuhören, schnelles Sprechen, andere nicht aussprechen lassen, großer Wunsch nach Kontrolle, reduzierte Distanzierungsfähigkeit und Aggressionsbereitschaft zeichnen diesen Typus aus. Typ-A-Menschen überschreiten oft ihre Leistungsgrenzen und nehmen die Signale des Körpers nicht wahr bzw. unterdrücken diese.

Daneben gibt es den Burn-out-Typ (Typ B), der sich durch ein vermindertes Engagement, erhöhte Resignationstendenz und eingeschränkte Distanzierungsfähigkeit auszeichnet

> Typ-A- und Typ-B-Menschen werden allgemein als Risikotypen eingestuft und laufen Gefahr, an den Folgen von Stress zu erkranken.
>
> **!**

Menschen, die gelassener auf Stressoren reagieren, die ein hohes, aber kein exzessives Arbeitsengagement an den Tag legen und die Fähigkeit besitzen, sich zu distanzieren und abzuschalten, werden als „Typ G" (Gesundheitstyp) bezeichnet.

Darüber hinaus gibt es den Schontyp (Typ S), der der Arbeit an sich geringe Bedeutung beimisst und ein dauerhaft geringes Engagement zeigt. Dieser Typ zeichnet sich durch hohe Distanzierungsfähigkeit aus und hat – ebenso wie Typ G – ein geringes Risiko, an den Folgen von Dauerstress zu erkranken. Das allgemeine Wohlbefinden ist sehr hoch.

Vom Stressgeschehen

Wenn wir über Stress sprechen, meinen wir im Allgemeinen drei Faktoren, die für das Stressgeschehen verantwortlich sind:

- Stressoren,
- Stressreaktionen und
- Stressverstärker.

Stressoren

Als Stressoren werden alle äußeren Bedingungen und Anforderungen bezeichnet, die potenziell in der Lage sind, in uns Angst oder Ärger hervorzurufen – uns „Stress zu machen". Beispiele für Stressoren reichen vom versehentlichen Ausschließen aus der Wohnung bis hin zu Naturkatastrophen oder zur als ungerecht empfundenen Kritik vonseiten der Führungskraft. Weitere Beispiele für häufige Stressoren sind:

- Körperliche Stressoren: Hunger, Durst und falsche Ernährung, Verletzung, Schmerz, Krankheit, unzureichender Schlaf
- Umweltstressoren: Lärm, Kälte, Nässe, Hitze, Populationsdichte, Schmutz
- Soziale Stressoren: Isolation, Konflikte, Trennung, Konkurrenz
- Leistungsstressoren: Zeit- und Termindruck, Über- und Unterforderungen, Perfektionismus, Rollenunsicherheit, Prüfungen

Aber auch positive Lebensereignisse wie beispielsweise Eheschließung, Schwangerschaft oder ein Lottogewinn sind Stressoren. Für manche so sehr, dass sie ihre Lottomillionen sofort wieder „verspielen".

Ihr persönlicher Stressorentest

Bitte bewerten Sie die folgenden Stressoren anhand der Skala von 1 bis 5: 1 = gar nicht, 2 = etwas, 3 = mittel, 4 = stark, 5 = sehr stark

	wenig Stress			viel Stress	
Allgemeine Stressoren					
Umweltbelastung (z. B. Lärm, Schmutz)	1	2	3	4	5
Verkehr	1	2	3	4	5
Einkauf und Behördenbesuche	1	2	3	4	5
Finanzielle Sorgen	1	2	3	4	5

	wenig Stress			viel Stress	
Schlechte Wohnraumverhältnisse	1	2	3	4	5
Zeitdruck und Hektik	1	2	3	4	5
Persönliche Stressoren					
Ungesunde Lebensgewohnheiten (z. B. Rauchen, Alkohol)	1	2	3	4	5
Krankheiten/Arztbesuche	1	2	3	4	5
Bewegungsmangel	1	2	3	4	5
Schlafschwierigkeiten	1	2	3	4	5
Kontaktprobleme	1	2	3	4	5
Ärger wegen Misserfolgen/Streitereien	1	2	3	4	5
Selbstzweifel	1	2	3	4	5
Stressoren im Beruf					
Schlechtes Betriebsklima (z. B. geringe Unterstützung)	1	2	3	4	5
Hohe Arbeitsbelastung (Überforderung)	1	2	3	4	5
Konkurrenzwettbewerb	1	2	3	4	5
Arbeitsplatzgestaltung	1	2	3	4	5
Schwierige Kunden	1	2	3	4	5
Übergriff der Arbeit auf das Privatleben (z. B. Dienstreisen)	1	2	3	4	5
Gehaltsstufe, Aufstiegsmöglichkeiten	1	2	3	4	5
Termindruck	1	2	3	4	5
Stressoren in Familie/Lebensgemeinschaft					
Partnerprobleme	1	2	3	4	5

	wenig Stress				viel Stress
Rollenverteilung (z. B. Hausarbeit)	1	2	3	4	5
Sorgen wegen der Kinder	1	2	3	4	5
Verwandtschaftsverpflichtungen	1	2	3	4	5
Trennungserlebnisse	1	2	3	4	5
Krankheit von Familienmitgliedern	1	2	3	4	5
Freizeitaktivitäten	1	2	3	4	5
Eigene Beispiele …	1	2	3	4	5
Endergebnis					

Der Richtwert der Skala beträgt 72,5. Liegt Ihr persönlicher Wert darüber, sollten Sie ernsthaft über Veränderungsmöglichkeiten Ihrer Stressbelastung nachdenken und etwas unternehmen.

Stresspunkteskala

Negative und überraschenderweise auch positive Lebensereignisse lösen im Organismus eine Kaskade von Stressreaktionen aus. Kommen mehrere Ereignisse zusammen, addiert sich auch das Risiko für die Gesundheit.

Kreuzen Sie in der Tabelle die Ereignisse an, von denen Sie im letzten Jahr betroffen waren. Zählen Sie die Punkte zusammen. Gefährdet ist man bei ca. 150 Punkten. Bei mehr als 300 Punkten besteht sogar die Gefahr, innerhalb eines Jahres krank zu werden.

Stresssituation	Stresspunkte
Tod des Ehepartners	100
Scheidung	73
Trennung vom Ehepartner	65
Gefängnisstrafe	63
Tod eines Familienangehörigen	63
Eigene Verletzung oder Krankheit	53
Heirat	50
Verlust des Arbeitsplatzes	47
Eheliche Aussöhnung	45
Pensionierung	45
Krankheit in der Familie	44
Schwangerschaft	40
Sexuelle Schwierigkeiten	39
Familienzuwachs	39
Arbeitsplatzwechsel	39
Erhebliche Einkommensveränderungen	38
Tod eines Freundes	37
Berufswechsel	36
Streit in der Ehe	35
Aufnahme eines größeren Kredits	31
Kündigung eines Darlehens	30
Neuer Verantwortungsbereich im Beruf	29
Kinder verlassen das Elternhaus	29
Ärger mit der angeheirateten Verwandtschaft	29

Stresssituation	Stresspunkte
Großer persönlicher Erfolg	28
Beginn/Ende der Berufstätigkeit des Ehepartners	26
Schulbeginn oder -abschluss	26
Änderung des Lebensstandards	25
Änderung persönlicher Angewohnheiten	24
Ärger mit dem Chef	23
Änderung von Arbeitszeit und -bedingungen	20
Wohnungswechsel	20
Schulwechsel	20
Änderung der Freizeitgewohnheiten	18
Änderung der kirchlichen Gewohnheiten	18
Änderung der gesellschaftlichen Gewohnheiten	18
Änderung der Schlafgewohnheiten	16
Änderung der Häufigkeit der familiären Kontakte	15
Änderung der Essgewohnheiten	15
Urlaub	13
Weihnachten	12
Geringfügige Gesetzesübertretung	11

Stressreaktionen

Entsteht eine Stresssituation, rüstet sich der Organismus für eine plötzlich erhöhte Anforderung. Dabei reagiert der Mensch als ganzheitliches System. Die Reaktionen können auf den folgenden vier Ebenen beobachtet werden:

- **Kognitive Ebene**

Hier geht es um alle Denk- und Wahrnehmungsprozesse. Bei einer Stressreaktion verengt sich die Wahrnehmung auf die Reize, die für die jeweilige Situation von Bedeutung sind. Mögliche Reaktionen können sein: Leere im Kopf (Blackout), Konzentrationsmangel, Gedankenkreisel, Denkblockaden und mangelnde Kreativität.

- **Emotionale Ebene**

Auf Stress reagiert man mit sehr unterschiedlichen Gefühlen, die aus den Grundmustern Angriff/Aggression, Flucht/ Angst oder Hilflosigkeit resultieren. Dabei reichen die Empfindungen von gefordert sein über sich unwohl fühlen und innerer Unruhe bis hin zu Angst, Ärger, Panik und depressiven Verstimmungen.

- **Vegetativ-hormonelle Ebene**

Alle unwillkürlichen und hormonellen Reaktionen sind in der vegetativ-hormonellen Ebene verankert. Gerät man in eine Stresssituation, wird das Nervensystem angeregt und Stresshormone werden ausgeschüttet. Der Atem schneller, Herz und Kreislauf arbeiten stärker, die Pupillen weiten sich, die Blutgefäße verengen sich, Energievorräte werden verbraucht. Durch die Hormonausschüttung sinkt die Immunabwehr des Körpers und die Magen-Darm-Funktionen werden vorübergehend eingeschränkt. Weitere Reaktionen können sein: Tränen, Erröten, Kloß im Hals, Schwitzen, weiche Knie, trockener Mund, Engegefühl in der Brust und vieles mehr.

- **Muskuläre Ebene**

Reaktionen auf der muskulären Ebene betreffen jene Bereiche des Körpers, die der willkürlichen Kontrolle unterliegen.

Gerät der Mensch in eine für ihn stressige Situation, ist die gesamte Muskulatur angespannt, man ist „sprungbereit", da der Körper auf Angriff oder Flucht eingestellt ist. Dieser Trieb war bei unseren Vorfahren überlebensnotwendig. In unserem normalen, „modernen" Alltag sind Flucht oder Angriff nicht angemessen. Der Impuls ist jedoch noch immer vorhanden. Daher reagiert der Körper mit Zittern, Rücken- und Nackenschmerzen, nervöser Gestik und starrer Mimik, Fingertrommeln, Fußwippen, Zucken, Faust ballen, verzerrtem Gesicht.

Stressoren können mit unterschiedlich starker Wirkung auf jeder der vier Ebenen Reaktionen hervorrufen, sich gegenseitig beeinflussen und in Wechselwirkung miteinander stehen. Je nach individuellen Schwachstellen sind die Reaktionen auf der betreffenden Ebene besonders intensiv wahrnehmbar: So wird ein Mensch mit schwacher Muskulatur Stressreaktionen in diesem Bereich besonders stark spüren, beispielsweise als Nacken- und Rückenschmerzen. Jemand, der immer „alles schluckt", reagiert eher mit Bauchschmerzen oder depressiven Verstimmungen.

Wenn Sie Ihre individuellen Schwachstellen kennen, können Sie Strategien entwickeln, um diese zu schützen und sich selbst zu stärken.

Stressverstärker

Eigene (Lebens-)Einstellungen und (positive wie negative) Bewertungen von Situationen als individuelle Stressverstärker lösen Stressreaktionen aus und tragen dazu bei, diese zu intensivieren.

Die Ursache für Stress liegt häufig in uns selbst, denn unsere Gedanken, Erwartungen, Einstellungen und Schlussfolgerungen beeinflussen uns in der Bewertung der Umwelt. Beispiele für solche persönlichen Stressverstärker sind die Merkmale des Stresstyps A: ein ausgeprägtes Streben nach Perfektionismus, Drang nach ständiger Profilierung und vor allem die Unkenntnis und Nichtakzeptanz der eigenen Leistungsgrenzen.

Es gibt eine ganze Vielfalt von typischen Merkmalen, die eine destruktive Einstellung kennzeichnen:

Destruktive Einstellung

Wenn Herr Huber meint, seinen Vortrag ohnehin nicht halten zu können, und von der Vorstellung des Scheiterns begleitet wird, obwohl Bewältigungsmöglichkeiten und Ressourcen vorhanden sind, wird er wohl – wenn es sich vermeiden lässt – auch keinen Vortrag halten. So nimmt Herr Huber sich die Möglichkeit, vom Gegenteil überzeugt zu werden. Im Ergebnis stellt sich Hilflosigkeit ein – statt Kompetenz und Sicherheit.

Schwarz-weiß-Denken ist typisch für Stress erzeugende und Stress verstärkende Einstellungen:

- „immer" statt „oft": „Immer sind alle gegen mich!"
- „nie" statt „selten": „Nie hört mir jemand zu!"
- „sicher" statt „wahrscheinlich": „Sicher wird mein Vortrag wieder schlecht!"
- „keiner" statt „manche": „Keiner mag mich!"
- „alle" statt „viele": „Alle nerven mich ständig!"

Stress erzeugende Einstellungen

Die anderen dürfen nicht besser sein als ich.

- *Ich bin an allem schuld.*
- *Ich bin nichts wert.*
- *Ich muss für alles die Verantwortung übernehmen.*
- *Es muss eine perfekte Lösung geben.*
- *Es ist mir wichtig, immer recht zu haben.*
- *Jede Kritik an mir ist berechtigt.*
- *Ich kann mich auf niemanden verlassen.*
- *Die anderen sind besser, schöner und stärker als ich.*

Auf den Punkt gebracht

Stress hat viele Facetten und ist individuell. Um effektiv und gezielt dem Stress zu begegnen, ist eine genaue Analyse der aktuellen Situation sowie die Kenntnis und Wahrnehmung unserer persönlichen Schwachstellen notwendig.

Physische und psychische Auswirkungen von Stress

Was passiert bei akutem Stress?

> *Akute Bedrohung*
>
> *Herr Huber, der nun auch noch vor einer größeren Gruppe des Unternehmens einen Fachvortrag hält, fühlt sich dem innerlich nicht gewachsen und ist von Stress erzeugenden Einstellungen begleitet: „Das schaffe ich nie, die Kollegen schauen schon so komisch, wieso habe ich mich nur darauf eingelassen, mir ist schlecht, gleich klappe ich zusammen ..." Während des Vortrags fällt ihm ein streitbarer Kollege ins Wort, bemängelt die Ergebnisse und deren Darstellung und stellt kritische Fragen. Für Herrn Huber stellt dies eine akute Bedrohung dar.*

Bei äußeren Gefahren lösen Nerven und Drüsen bei Mensch und Tier eine Abfolge von Reaktionen aus und bereiten den Körper so auf Gegenwehr und Kampf oder Flucht in die Sicherheit vor.

Bei diesen Stressreaktionen spielt der Hypothalamus eine zentrale Rolle:

- Der Hypothalamus aktiviert bei Gefahr die Hypophyse, eine mit dem Hypothalamus verbundene Drüse, die ihrerseits eine Kaskade von Hormonen ausschüttet (hauptsächlich Cortisol und Adrenalin), die für verschiedene Reaktionen verantwortlich sind, und
- er kontrolliert das autonome (vegetative) Nervensystem.

Autonomes Nervensystem

Das autonome Nervensystem reguliert die Aktivitäten der Körperorgane, die der Mensch willentlich nicht direkt, allenfalls indirekt beeinflussen kann.

Unter Bedingungen, die als stressreich bewertet werden, treten folgende Alarmreaktionen auf:

- Atmung wird schneller und stärker.
- Herzschlag wird beschleunigt.
- Blutgefäße verengen sich, der Blutdruck steigt.
- Gesichtsausdruck verändert sich so, dass starke Emotionen sichtbar werden.
- Verdauung wird eingestellt.
- Der Organismus schüttet vermehrt Blutzellen aus, um zum einen für den Fall einer Verletzung die Blutgerinnung zu unterstützen und um zum anderen mehr Sauerstoff zur Verfügung zu stellen.
- Knochenmark wird angeregt, um mehr weiße Blutkörperchen zu produzieren, um eine etwaige Infektion zu bekämpfen.
- Leber wird angeregt, die Zuckerproduktion zu steigern, um kurzfristig mehr Energie bereitzustellen.
- Pupillen erweitern sich und die Augenmuskeln „schalten" auf Fernsicht.
- Haut und Körperbehaarung stellen sich auf und bringen „Gänsehaut" hervor.

! Für die Reaktionen ist es irrelevant, ob ein physischer oder psychischer Stressor vorliegt.

Stressiger Vortrag

Herr Huber reagiert unmittelbar nach dem „Angriff" des Kollegen während des Vortrags mit schnellerer und flacherer Atmung, seine Pupillen erweitern sich, er schwitzt und die Pulsfrequenz ist hoch. Sein Gesichtsausdruck ist angespannt und verzerrt, er drückt Angst und Verzweiflung aus. Herr Huber wäre für die Flucht bereit …

Nach der physischen oder psychischen Bedrohung versucht der Organismus, seine normale Funktionsfähigkeit möglichst schnell wiederherzustellen, um bei der nächsten akuten Gefahr genug Reserven zu haben, um erneut reagieren zu können.

Wie kommt es zu chronischem Stress?

Wenn der Stress zu lange andauert – das kann nach Wochen oder Monaten sein –, schüttet der Organismus dauerhaft Cortisol und Adrenalin aus. Darauf ist der Körper nicht eingestellt und reagiert deshalb mit vielfältigen Fehlfunktionen und unter Umständen auch ernsthaften körperlichen und psychischen Erkrankungen.

Verschiedene volkstümliche Sätze und Ausdrücke deuten auf psychosomatische Erkrankungen hin.

„Dem Volk aufs Maul" geschaut

Versuchen Sie, beim Lesen die Botschaft über körperliche und seelische Befindlichkeiten zu erkennen:

- *„Das bricht mir das Herz."; „Das Herz schlägt mir bis zum Hals."; „Mir fällt ein Stein vom Herzen."*
- *„Heute bin ich wie ferngesteuert."; „Mein Kopf droht zu zerspringen."*
- *„Es liegt mir wie ein Stein im Magen."; „Da kommt mir doch die Galle hoch."*
- *„Meine Kehle ist wie zugeschnürt."*

Chronischer Stress und Krankheiten

- Immunsystem: Dauerhafte Cortisolausschüttung greift das Immunsystem an, die Abwehr wird geschwächt; Infektionen, übersteigerte Immunreaktion gegenüber Einflüssen von außen (Allergien) und innen (Autoimmunerkrankungen) sind die Folge.
- Herz-Kreislauf: Herzerkrankungen, Herzinfarkt, Bluthochdruck
- Muskulatur: Kopf- und Rückenschmerzen
- Verdauung: Störungen der Verdauung, Magen-Darm-Geschwüre
- Schmerz: verringerte Schmerztoleranz
- Sexualität: Libidoverlust, Erektionsstörungen, Zyklusstörungen
- Burn-out-Syndrom
- Depressionen

Körperliche Auswirkung von Stress

Verdauungssystem:

Übelkeit, Durchfall, Verstopfung, Magengeschwüre

Das Drosseln der Blutversorgung macht die Magen- und Darmschleimhaut anfällig für Geschwüre

Geschlechtsorgane:

Bei längerem Stresszustand wird die Produktion der Geschlechtshormone gedrosselt.

Muskeln:

Verspannungen, Rücken- und Nachenschmerzen durch Spannungssteigerung in den Muskeln

Immunsystem:

Die Infektionsabwehr wird reduziert, es kommt zur Schwächung des Immunsystems

Haut:

Rötungen, Hautausschläge, Ekzeme

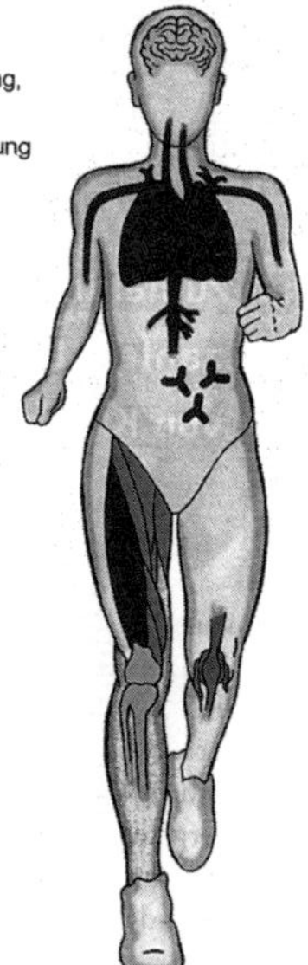

Gehirn:

Cortisol schädigt mit der Zeit die Gehirnzellen und kann unter Umständen die Wahrnehmung beeinträchtigen. Es drohen Ängste, Depressionen, Kopfschmerzen, Erschöpfung und Gereiztheit.

Lunge:

Atembeschwerden oder Gefühl von Atemnot können bei Dauerbelastung auftreten.

Blutgefäße:

Erhöhter Blutdruck und Herzschlag verringern die Elastizität der Blutbahnen.

Herz/Kreislauf:

Als Folge von verminderter Elastizität der Blutbahnen kann es zu Kreislaufschwäche, Herzrasen, Herzrhythmusstörungen und Herzinfarkt kommen.

Leber/Nebennierendrüsen:

Fett- und Zuckerreserven werden aus der Leber mobilisiert; Produktion und Ausschüttung von Hormonen (Cortisol)

Burn-out-Syndrom – Hintergründe des Stressphänomens

Wenn man mehr als acht Stunden intensiver Arbeit hinter sich hat, ist man abends müde und benötigt eine Erholungsphase – beim Sport, im Kreise der Familie, mit Freunden oder auf eine andere individuelle Art und Weise. Nach der Anspannung folgt die Entspannung. So sollte es sein.

Doch die Realität sieht bei vielen Menschen ganz anders aus: Obwohl eigentlich Feierabend ist, ist für viele, die den Tag im Dauerlauf verbracht haben, noch lange nicht Schluss. Sie nehmen sich zusätzliche Arbeit mit nach Hause oder setzen sich im Geiste noch mit dem Tagesgeschehen auseinander. Wer permanent so lebt, läuft Gefahr, innerlich auszubrennen: Chronischer, hoch dosierter Stress kann zum Burn-out-Syndrom führen.

> Insbesondere sehr ehrgeizige, engagierte und perfektionistische Menschen, die dauerhaft ihre Grenzen überschreiten und auf die körperlichen und psychischen Signale nicht achten, sind vom Burn-out-Syndrom betroffen.

Obwohl das Burn-out-Syndrom weithin bekannt ist, gibt es bislang keine sichere Definition dafür. Es ist keine Krankheit im eigentlichen Sinn, sondern kann eher mit Schmerz verglichen werden. Burn-out lässt sich wohl am ehesten als „Zustand der totalen Erschöpfung“ definieren.

Burn-out – ein Phänomen unserer Zeit?

Viele Entwicklungen und Entdeckungen der Menschheit geschehen nicht durch intensive Forschung, sondern sind ein „Nebenprodukt" der täglichen Arbeit. So auch der Begriff des „Burn-out" bzw. der „Neurasthenie", wie der New Yorker Nervenarzt G. M. Beard (1839–1883) das Phänomen nannte. Beard beschrieb Symptome, die wir heute als Stress, Nervosität oder eben Burn-out bezeichnen würden. Das Leitsymptom ist die Erschöpfung, begleitet von unspezifischen Beschwerden wie Hautjucken, Müdigkeit, Reizbarkeit. Organische Störungen sind nicht vorhanden.

! Das Leitsymptom des Burn-out-Syndroms ist der Zustand absoluter Erschöpfung. Dazu können sich weitere unspezifische Beschwerden gesellen, für die jedoch keine organischen Ursachen gefunden werden können.

Der Begriff „Neurasthenie" taucht im 19. Jahrhundert in Europa zeitgleich mit dem Schlagwort „Amerikanisierung" auf. Letzteres stand für ein hektisches, nach kapitalistischen Prinzipien orientiertes Berufsleben, das sich vor allem in der Großstadt abspielt, die den Bewohnern nicht einmal nachts Ruhe gewährt. Darüber hinaus ist das 19. Jahrhundert geprägt von Industrialisierung und Urbanisierung, von Eisenbahn, Dampfschifffahrt und der Telegrafie, die eine Informationsflut zur Folge hatte. Beard selber spricht von „American Nervousness". Den immer häufiger zu beobachtenden Zustand der totalen Erschöpfung führte man auf den beschleunigten, durchtechnisierten und ökonomisierten Lebensalltag zurück, der die Betroffenen überfordert. Deren Fähigkeiten reichen nicht mehr aus, um die gestiegenen Anforderungen des modernen Lebens zu bewältigen.

Kommt Ihnen das bekannt vor?

Im Ersten Weltkrieg ist der Begriff zunächst einmal aus der öffentlichen Diskussion verschwunden, um in den 1960er-Jahren erneut zu erwachen. Der Psychoanalytiker Herbert J. Freudenberger erlebte es am eigenen Leib: Seine Tätigkeit in der Praxis und seine ehrenamtliche Arbeit, bei der er sich um jugendliche drogensüchtige Prostituierte kümmerte, führten bei ihm zu einer zunehmenden Erschöpfung, zu Ausgelaugtheit, Müdigkeit, Resignation, Unausgeglichenheit und Gereiztheit. Für seine Familie blieb kaum Zeit. Seinen Kollegen ging es ähnlich. Das „Burn-out-Syndrom" (Ausgebranntsein) konnte durch das Auftreten bestimmter Merkmale charakterisiert werden:

Burn-out – charakteristische Merkmale

Typisch für das Burn-out-Syndrom sind eine körperliche und emotionale Erschöpfung, anhaltende physische und psychische Leistungs- und Antriebsschwäche und vor allem der Verlust der Fähigkeit, sich zu erholen. Ebenso ist häufig eine abweisende, zynische und aggressive Grundstimmung gegenüber Partnern, Angehörigen, Kollegen und Freunden festzustellen, die mit Verbitterung, dem Gefühl der Hilflosigkeit und den Gedanken, nichts verändern zu können, verbunden sind.

Weitere Merkmale von Burn-out können sein:

- Bedürfnisse wie Hunger, Durst, Schlaf, Sexualität werden nicht beachtet.
- chronische Müdigkeit

- Schwächegefühl
- Konzentrationsschwäche
- Kreativitätsmangel
- Schlafstörungen
- Distanzbedürfnis und Meidung von sozialen Kontakten/ sozialer Rückzug
- Gefühle von Gleichgültigkeit, Einsamkeit, Hoffnungslosigkeit und Desinteresse
- psychosomatische Erkrankungen und Reaktionen wie Herz-Kreislauf-, Magen-Darm- und Rückenleiden, Depressionen, Sucht, Suizidalität usw.

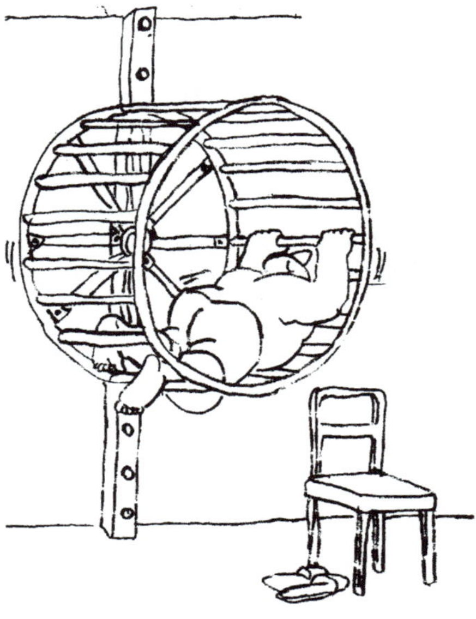

Das Burn-out-Syndrom ist ein Prozess, der je nach Ursachen bis zur Vollausprägung zwischen drei und 30 Monaten andauern kann und in fünf Stadien abläuft. Jedoch ist es schwer festzustellen, wann die Erschöpfung sich zum „Zustand der totalen Erschöpfung" entwickelt hat. Die Betroffenen merken nicht, dass sie in eine Abwärtsspirale geraten sind. Die Zeichen sind nicht immer eindeutig. Zudem blockieren Verdrängungs- und Verleugnungsmechanismen einen frühen Ausstieg aus dem Burn-out.

Die fünf Stadien des Burn-out-Prozesses

- **Idealistisches Stadium:**

Anfangs mit Begeisterung und Eifer im Job, mit dem Gefühl der Unentbehrlichkeit – „nur wer brennt, kann ausbrennen." Betroffene werden als Workaholics wahrgenommen. Erste Anzeichen von Energiemangel und Erschöpfung. Hoher eigener, als extrem empfundener Erwartungsdruck. Eigene Bedürfnisse werden unterdrückt.

- **Realistisches Stadium:**

Ernüchterung im Job, der Idealismus schwindet, der Arbeitseinsatz wird gesteigert, aber Erfolge bleiben aus. Gefühl, die Kontrolle zu verlieren. Chronischer Energiemangel und Erschöpfungszustand.

- **Stadium der Stagnation:**

Emotionale Reaktionen wie Aggression, Zynismus, Selbstmitleid, häufige Gereiztheit. Gefühl der Inkompetenz, Konzentrationsstörungen. Freudlosigkeit und mangelnde Initiative, innere Kündigung (Dienst nach Vorschrift), Schuldzuweisung gegen Dritte und private Probleme häufen sich.

- **Stadium der Frustration:**

Sinn der Arbeit wird infrage gestellt, Gefühl der Gleichgültigkeit, sozialer Rückzug, Aufgabe der Hobbys, psychische und physische Erschöpfung, psychosomatische Reaktionen (Schlafstörungen, Magen-Darm-Beschwerden, Infektanfälligkeit), verstärkter Konsum von Alkohol, Tabak, Drogen und sexuelle Unlust.

- **Stadium der Verzweiflung:**

Ständige Frustration, Gefühl von Sinn- und Hoffnungslosigkeit, Selbstmordgedanken, keine Arbeitserfolge mehr, Betroffene werden nur noch als leistungsschwach angesehen.

! Dauer und Verlauf dieses Prozesses sind von Person zu Person unterschiedlich. Nicht alle Betroffene durchlaufen alle Phasen. Viele „überdauern" bis zur Rente im Stadium der Stagnation bzw. der inneren Kündigung.

Folgende Personen gelten als besonders Burn-out-gefährdet (Typ B):

- perfektionistisch veranlagte Personen
- Menschen, die sich mehr vornehmen, als sie eigentlich schaffen können
- Personen, die zu hohe Ansprüche an sich und ihre Umwelt stellen
- Menschen mit sehr starren und strengen Ansichten
- Menschen, die zu optimistisch in die Zukunft sehen und mögliche Risiken zu niedrig einschätzen

- Menschen, die nur schwer „nein" sagen können und sich für andere aufopfern

Burn-out bei Herrn Huber

Herr Huber quält sich seit einem Jahr nur noch in die Arbeit. Häufig ging es ihm so schlecht, dass sein Hausarzt darauf bestand, ihn krankzuschreiben. Er fühlt sich den Anforderungen immer weniger gewachsen, scheitert an einfachen Aufgaben, was er mit Mehrarbeit kompensiert. Hinzu kommt noch, dass er wegen seines Jobs in eine andere Stadt ziehen musste. Hobbys und soziale Kontakte hat er schon lange nicht mehr, abends sitzt er apathisch vor dem Fernseher, schläft schlecht, ist morgens sehr müde und unkonzentriert und hat Angst vor dem bevorstehenden Tag.

> **!** Burn-out: Was einmal aus- bzw. abgebrannt ist, kann zwar wieder aufgebaut werden, doch dasselbe, was es einmal war, wird es nicht mehr. In der Regel bedeutet das für die Betroffenen eine längere Auszeit mit stationärem Aufenthalt und anschließender ambulanter Behandlung/Therapie.

Ihre persönliche Burn-out-Checkliste

Markieren Sie diejenigen Feststellungen, denen Sie zustimmen können:

Checkliste: Sind Sie Burn-out-gefährdet?	
Stellen Sie sich häufig Fragen wie: „Was hat das alles für einen Sinn", „Soll das schon alles im Leben gewesen sein?"	✓
Denken Sie häufig, doch nichts bewirken zu können?	
Fällt es Ihnen schwer, sich zu konzentrieren?	
Haben Sie keine kreativen Ideen und Veränderungsvorschläge mehr?	
Haben Sie den Eindruck, alles wird Ihnen zu viel?	
Trauen Sie sich nichts mehr zu?	
Haben Sie keine Hoffnung mehr, dass sich etwas ändern lässt?	
Fühlen Sie sich deprimiert und resigniert?	
Sind Sie häufig gereizt und resigniert?	
Haben Sie nur noch wenig Freude an dem, was Sie machen?	
Fühlen Sie sich innerlich leer und ausgelaugt?	
Sind Sie schnell müde und kaum noch belastbar?	
Wachen Sie morgens zerschlagen auf?	
Haben Sie Heißhunger auf Süßes?	
Haben Sie öfter Magen- oder Rückenbeschwerden?	
Leiden Sie unter Schlafstörungen?	
Hat Ihr sexuelles Verlangen nachgelassen?	
Fühlen Sie sich innerlich zunehmend angespannt?	
Haben Sie fast täglich Kopfschmerzen?	

Checkliste: Sind Sie Burn-out-gefährdet?	
Ziehen Sie sich mehr und mehr aus Ihrem Freundeskreis zurück?	
Vernachlässigen Sie Ihr Hobby?	
Vernachlässigen Sie Ihr äußeres Erscheinungsbild?	
Können Sie sich zu nichts Neuem aufraffen?	
Greifen Sie häufiger zu Alkohol?	
Nehmen Sie Aufputschmittel?	
Gesamtzahl der Häkchen	

Wenn Sie mehr als acht Aussagen mit einem Häkchen markiert haben, sollten Sie etwas unternehmen, um Ihr seelisches und körperliches Gleichgewicht wiederherzustellen.

Leiden Sie an den Folgen von Stress?

Welches der folgenden Symptome trifft auf Sie zu?

Checkliste: Leiden Sie an Stressfolgen?	Ja	Nein
Mein Blutdruck ist zu hoch.	2	0
Mir ist oft übel.	2	0
Ich grüble zuviel.	2	0
Ich fühle mich mitunter ganz mut- und kraftlos.	2	0
Ich habe Albträume und schlafe schlecht.	2	0
Manchmal zittern mir Hände, Beine oder Augenlider.	3	0
Ich habe häufig kalte Hände und Füße.	1	0

Checkliste: Leiden Sie an Stressfolgen?	Ja	Nein
Oft ist mir schwindlig.	1	0
Manchmal ist meine Kehle wie zugeschnürt.	2	0
Ich fühle mich schwach.	1	0
Oft bin ich schweißgebadet, ohne dass ich mich viel bewege.	1	0
Ich kann Ärger und Frust schlecht herauslassen.	3	0
Ich werde schnell müde, konnte mich früher besser konzentrieren.	2	0
Ich habe Probleme mit meiner Verdauung.	3	0
Mir tun Schultern und Rücken manchmal heftig weh.	2	0
Beruflicher Ärger macht mich völlig fertig.	3	0
Ich habe in letzter Zeit oft Kopfweh.	2	0
Ich bin eingekreist von Hektik, Lärm macht mich ganz fertig.	2	0
Ich habe manchmal Herzrasen oder -stolpern, aber ohne Befund.	2	0
Manchmal raste ich ohne konkreten Grund einfach aus.	1	0
Ich habe oft eine unerklärliche Angst.	2	0
Ich rauche und/oder trinke in letzter Zeit mehr.	2	0
Meine Stimmung stürzt oft ab, ohne dass ich mir das erklären kann.	2	0
Ich denke manchmal, dass mir alles über den Kopf wächst.	1	0

Checkliste: Leiden Sie an Stressfolgen?	Ja	Nein
Die anderen müssen doch merken, dass ich eigentlich hochstapele.	3	0
Manchmal weine ich einfach und kann kaum wieder aufhören.	2	0
Ich habe eine innere Unruhe und kann nicht einschlafen.	1	0
Ich habe kaum noch Lust auf Sachen, die mir früher immer viel Spaß bereitet haben.	4	0

Auswertung

Zählen Sie nun Ihre Punkte zusammen: __________ Punkte

Haben Sie bis zu 10 Punkte?

Sie sind stabil und gesund. Ihnen drohen zumindest im Moment keine negativen Auswirkungen von Stress. Da Stress jedoch immer auftreten und von uns selbst oft nicht immer beeinflusst werden kann, ist es nicht verkehrt vorzubeugen. Mit dem richtigen Maß an Bewegung und Entspannung sowie guten sozialen Kontakten und ausgewogenem Essen tut man sich und seinem Körper Gutes.

Haben Sie bis zu 20 Punkte?

Der Stress, unter dem Sie stehen oder gestanden haben, wirkt sich bei Ihnen bereits auf das Allgemeinbefinden und die Gesundheit aus. Mit der Zeit zehren sich bei so hoher Belastung Ihre Reserven auf. Das geht um so schneller, je weniger Sie jetzt für sich tun. Seelische Probleme machen sich oft mit unklaren Beschwerden bemerkbar, bei denen sich keine organische Ursache finden lässt.

Typisch: chronische Kopf- und Rückenschmerzen, Migräne oder auch panische Angstzustände mit Schwindelanfällen oder Herzrasen. Auch der Griff zu Tabletten und Alkohol ist ein Versuch, seelischem Stress zu entfliehen. Wichtig ist es zunächst einmal sich einzugestehen, dass man Probleme hat – und vielleicht auch welche, mit denen man allein nicht fertig wird. Es ist keine Schande, Menschen um Hilfe zu bitten, die dafür ausgebildet sind.

Haben Sie mehr als 20 Punkte?

Sie stecken bereits tief in den Stressfolgen drin. Sie sind extrem belastet und wahrscheinlich hochgradig verspannt. Das greift Ihre Gesundheit an und Sie müssen schleunigst etwas unternehmen. Sie sollten gezielt lernen, wie man Stress bewältigt und wie man für sich selbst Freiräume und Ruhe schafft.

Lassen Sie sich von Leuten, die dafür ausgebildet sind, beraten und helfen. Das ist am wirkungsvollsten und Sie haben nicht das Gefühl, das alles nun auch noch allein bewältigen zu müssen. Ansonsten können akute gesundheitliche Probleme drohen, weil das Immunsystem von der Psyche blockiert wird. Auch die Verdauung leidet unter Stress und kann eine Reihe von Körperfunktionen schwer stören. Wenn die Seele alle Kräfte braucht, bleibt für Körper und Nerven irgendwann nichts mehr übrig.

Depression: Sind Sie gefährdet?

So wie wir in extremen Situationen, also durch akuten Stress, plötzlich ungeahnte Kräfte mobilisieren können, so kann Dauerstress zu Depressionen führen. Menschen mit einer

Lebensgeschichte voller Stress entwickeln häufiger Depressionen als solche, die frühzeitig Bewältigungsstrategien erlernt haben und diese anwenden. Die Vulnerabilitätsgrenze bei „Dauergestressten" ist schneller überschritten; eine Stressspitze führt schneller in den roten Bereich.

Die Hormone, die zur Bewältigung außergewöhnlicher Belastungen dienen, begünstigen die Entstehung von Depressionen. Depressive Menschen reagieren auf bestimmte Erlebnisse anders als Gesunde. Während gesunde Menschen auf emotionale und körperliche Belastungen mit einem vorübergehenden Stimmungstief antworten, dauert dieser Zustand bei depressiven Menschen an. Ein an Depression leidender Mensch ist in seinem Denken, seinem Antrieb, seinen Orientierungs- und Gedächtnisleistungen und seiner Kreativität extrem eingeschränkt.

Vorhandene – leichte oder schwere – Depression machen wiederum Schwierigkeiten bei der Aufgabenbewältigung. Der Teufelskreis beginnt.

Eine stressbedingte Depression entwickelt sich in drei Stufen:

- In der Vorstufe entwickelt sich der Dauerstress.
- In der Kernstufe entsteht die stressbedingte Depression.
- Die dritte Stufe ist begleitet von körperlichen Beschwerden.

> Depressionen werden von Angst und großer Traurigkeit begleitet, die nicht nur vorübergehend sind. !

Weitere stressbedingte Depressionssymptome sind:

- Niedergeschlagenheit, Traurigkeit, Hoffnungslosigkeit
- keine Freude an Dingen, die sonst Spaß machen
- Angst
- keine Energie, fehlender Antrieb, rasche Ermüdung
- kein Selbstvertrauen
- alles negativ sehen
- soziale Isolation
- eingeschränktes Erleben von Gefühlen, Teilnahmslosigkeit
- Konzentrationsmangel, Merkschwäche, ständiges Grübeln
- Durchschlafstörungen, kein Appetit, fehlendes sexuelles Interesse
- keinen Sinn im Leben sehen, an den eigenen Tod denken

Wenn solche Symptome zwei Wochen lang jeden Tag auftreten und keine Ausnahme bilden, sollte man Hilfe suchen. Höchste Alarmbereitschaft ist dann gegeben, wenn der Betroffene über Sinnlosigkeit klagt und Suizidgedanken äußert (vgl. Kapitel zur Suizidalität).

! Eine Depression ist also keine vorübergehende Stimmung, sondern eine Erkrankung, die behandelt werden muss und erfolgreich behandelt werden kann.

Fragebogen zur Depression

Beantworten Sie bitte die Fragen (1 = fast immer, 2 = häufig, 3 = selten, 4 = fast nie) und notieren Sie in der letzten Spalte Ihre Punktezahl.

Checkliste: Fragen zur Depression	1	2	3	4	Pkt.
Ich habe Interesse und Freude an verschiedenen Tätigkeiten und Hobbys.	0	1	2	3	
Ich fühle mich niedergeschlagen und traurig.	3	2	1	0	
Ich möchte am liebsten heulen.	3	2	1	0	
Ich reagiere sehr empfindlich auf Kritik.	3	2	1	0	
Ich fühle mich geborgen.	0	1	2	3	
Ich wache zu früh auf und kann nicht wieder einschlafen.	3	2	1	0	
Es macht mir Freude, attraktive Männer/Frauen zu sehen und mit ihnen zusammenzusein.	0	1	2	3	
Morgens fühle ich mich miserabel.	3	2	1	0	
Ich freue mich über die gleichen Dinge wie früher.	0	1	2	3	
Ich sehe mit Hoffnung in die Zukunft.	0	1	2	3	
Es fällt mir schwer, Ruhe zu finden und still zu sitzen.	3	2	1	0	
Ich bin leicht reizbar.	3	2	1	0	
Es fällt mir schwer, Entscheidungen zu treffen.	3	2	1	0	
Das Leben kommt mir leer vor.	3	2	1	0	

Checkliste: Fragen zur Depression	1	2	3	4	Pkt.
Ich komme mir nutzlos vor.	3	2	1	0	
Ich bin zufrieden.	0	1	2	3	
Ich kann mich schlecht konzentrieren und habe Schwierigkeiten, klar zu denken.	3	2	1	0	
Abends geht es mir schlecht.	3	2	1	0	
Ich bin schreckhaft und ängstlich.	3	2	1	0	
Ich habe Angst davor, zusammenzubrechen.	3	2	1	0	
Ich fühle mich selbstsicher.	0	1	2	3	
Ich schaffe es nicht, mich auch noch mit Problemen anderer zu befassen.	3	2	1	0	
Ich bin überreizt.	3	2	1	0	
Ich mache mir Selbstvorwürfe.	3	2	1	0	
Ich benötige für alltägliche Verrichtungen viel Zeit.	3	2	1	0	
Ich kann mich über viele Dinge freuen.	0	1	2	3	
Ich habe Schuldgefühle.	3	2	1	0	
Tod und Sterben beschäftigen mich.	3	2	1	0	
Ich fühle mich erschöpft.	3	2	1	0	
Ich fühle mich schwindelig und benommen.	3	2	1	0	
Ich fühle mich schwermütig.	3	2	1	0	
Zusatzfragen	**Ja**		**Nein**		**Pkt.**
Haben Sie in der letzten Woche abgenommen?	3		0		

Checkliste: Fragen zur Depression	1	2	3	4	Pkt.
Leiden Sie an Verstopfung?	2		0		
Schlägt Ihr Herz manchmal schneller als gewöhnlich?	3		0		

Auswertung:

Anzahl der Punkte insgesamt: ________

Weniger als 30 Punkte: Es gibt bei Ihnen keine Anzeichen für eine depressive Verstimmung. Sicher gehören Sie zu den Menschen, die imstande sind, Belastungen und Erholung auszubalancieren. Sie sind offenbar in der Lage, Probleme und Gefühle offen auszusprechen, statt sie in sich hineinzufressen. Pflegen Sie diese Fähigkeit.

Mehr als 30 Punkte: Sie haben Symptome, die Vorboten einer Depression sein können. Achten Sie auf Ihre Erschöpfbarkeit. Versuchen Sie sich über Ihre Situation klar zu werden. Überfordern Sie sich? Versuchen Sie, Stress und Belastungen im Alltag zu verringern.

Mehr als 40 Punkte: Es ist gut möglich, dass sich bei Ihnen eine Depression entwickelt hat. Um dies festzustellen und die nötigen Schritte zur Verbesserung einzuleiten, sollten Sie baldmöglichst Hilfe in Anspruch nehmen. Dazu können Sie einen Facharzt (Psychiater) oder eine psychosoziale Beratungsstelle aufsuchen.

Suizidalität: erkennen und handeln

Suizidalität ist in unserer Gesellschaft ein Tabuthema. Auch wenn die Zahlen rückläufig sind, nehmen sich in Deutschland trotzdem jedes Jahr annähernd 10.000 Menschen das Leben. Ein weitaus höherer Prozentsatz versucht es (Schätzungen liegen beim 7- bis 20-Fachen der vollendeten Suizide), und man geht davon aus, dass sich weit über eine Million Menschen Gedanken daran quälen.

Viele Menschen haben also Erfahrungen mit Suizidalität, trotzdem halten sich die folgenden Einschätzungen hartnäckig:

- „Das liegt in der Familie."
- „Wer daran denkt oder davon spricht, macht das nicht wirklich."
- „Wenn ich es anspreche, bringe ich den anderen ja noch auf die Idee, es zu tun."
- „Wer solche Gedanken hat, ist verrückt."
- „Das ist eine Krankheit."
- „Suizidalität betrifft nur eine bestimmte Gesellschaftsschicht."
- „Das ist doch nur Erpressung."
- „Das ist doch kein Grund, sich umzubringen."

Alle diese Sätze sind Vorurteile, die wir erfunden haben, um mit dem Thema umgehen zu können.

Richtig ist dagegen:

- Suizidalität ist keine Krankheit, aber oft der Abschluss einer krankhaften Entwicklung.
- Suizidalität ist nicht genetisch bedingt oder erblich.
- Wer davon spricht oder bei anderen die Sorge erweckt, denkt auch ernsthaft daran.
- 80 Prozent aller Suizide sind angekündigt.
- Kurzschlusshandlungen sind selten.

Auf den Punkt gebracht

Suizidales Verhalten entsteht aus dem Zusammenwirken von ganz persönlich erlebten Ursachen und aktuell auslösenden Faktoren sowie dem Wunsch, etwas zu verändern. Sie kann als ein (fataler) Lösungsversuch zur Bewältigung von scheinbar ausweglosen Krisen gesehen werden, wobei die Schwere der Krise sehr subjektiv ist.

Erkennungsmerkmale von Suizidalität

Suizidalität ist oft ein Prozess, der sich über einen längeren Zeitraum hinzieht, in dem sich die Gedanken an Selbstmord immer mehr verdichten. Teilweise beschäftigt man sich bewusst mit Plänen, teilweise drängen sich die Gedanken auf, wie man dem Leben ein Ende setzen möchte. In dieser Zeit bekommt die Umwelt immer wieder Signale:

- Stimmungsschwankungen
- abwehrendes, gereiztes oder aggressives Verhalten

- sozialer Rückzug oder Isolierung
- Veränderung des äußeren Erscheinungsbildes
- andere Veränderungen im Verhalten wie Essverhalten, Hobbys, Interesselosigkeit, Häufung von Unfällen
- mehr oder weniger konkrete Andeutungen
- konkrete Handlungen (Medikamente besorgen, Konto kündigen, …)
- philosophische Beschäftigung mit dem Thema Tod
- Internetsurfen auf einschlägigen Websites

Ein sehr gutes Früherkennungsmerkmal ist das eigene „Gefühl". Wenn man beginnt, sich Sorgen zu machen, sollte man nicht sofort versuchen, sich zu beruhigen, sondern erst hinterfragen, woher dieses „Gefühl" kommt. Man findet dann meist Verhaltensweisen wie oben beschrieben.

Ab dem Zeitpunkt der Entscheidung für einen bestimmten Plan bis zur eigentlichen Suizidhandlung vergeht oft nur noch eine kurze Zeit, in der die Betroffenen eher ruhiger, entspannter erlebt werden. In dieser Zeit sind Signale an die Umwelt kaum noch zu sehen.

! Suizidgedanken sollten immer ernst genommen werden. Es ist möglich und sinnvoll herauszufinden, wie akut die Gefährdung ist. Handeln ist möglicherweise subjektiv ungewöhnlich, aber für den Betroffenen äußerst hilfreich.

Vorgehen bei befürchteter Suizidalität

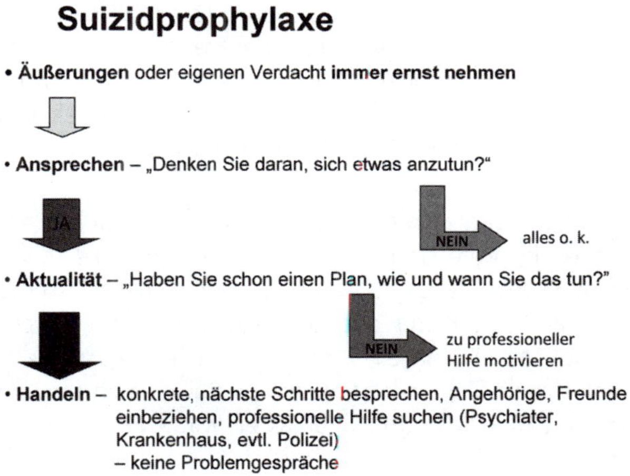

Zuerst sollte man sich vergewissern, ob der eigene Verdacht stimmt: „Ich bitte Sie um Entschuldigung, aber ich mache mir Sorgen, dass Sie sich vielleicht was antun könnten. Stimmt das oder liege ich daneben?“ – könnte eine mögliche Frage sein. Und allein die Frage stellt für viele suizidgefährdeten Menschen bereits eine Entlastung dar. Daher antworten sie in der Regel auch wahrheitsgemäß. Wenn die Frage bejaht wurde, ist es noch wichtig zu wissen, wie akut die Lage ist: „Das tut mir leid, heißt das, Sie denken konkret darüber nach, haben etwa auch schon einen Plan dafür …?“

Wird auch diese Frage bejaht, ist es sinnvoll, zusammen mit dem Betroffenen die nächsten, konkreten Schritte zu besprechen. Sie sollten es vermeiden, die Probleme näher zu beleuchten oder nach Gründen zu fragen, da dies das Problem verstärkt. Stattdessen könnten Sie z. B. fragen: „Wohin kann ich Sie bringen, damit Sie in Sicherheit sind?" Eine Lösung können Verwandte, Angehörige oder Freunde sein, die man vorher über die Problematik informieren sollte. Wenn niemand gefunden werden kann, so ist das nächste erreichbare psychiatrische Krankenhaus der richtige Ansprechpartner.

! Es ist grundsätzlich sinnvoll, akut suizidgefährdete Menschen in professionelle Hände zu geben – dies kann eine Krisenberatungsstelle vor Ort, ein niedergelassener Facharzt (Psychiater) oder ein Fachkrankenhaus (Psychiatrie) sein. Wenn ein Betroffener sich strikt weigert, sollte man sich nicht scheuen, die Polizei zu rufen, die dann eine Einweisung veranlassen wird.

Für betroffene Personen

Falls Sie daran denken, sich etwas anzutun, ist es sinnvoll, sich einer Beratungsstelle oder einem Therapeuten ihrer Wahl anzuvertrauen und sich so auf Dauer andere Lösungsmöglichkeiten für Ihre seelischen Krisen zu erarbeiten. Machen Sie sich klar, dass Sie nicht krank sein müssen, Ihre Gedanken aber auch Ausdruck einer (behandelbaren) Krankheit sein können. Wenn Sie konkrete Gedanken hegen, sollten Sie auf jeden Fall professionelle Hilfe in Anspruch nehmen: Krisenberatungsstellen, Fachärzte (Psychiater), sozialpsychiatrische Dienste, Tageskliniken und psychiatrische Krankenhäuser sind dafür am besten geeignet.

Auf den Punkt gebracht

Stress wirkt sich überall aus: körperlich, psychisch, sozial und kann auch dramatische Folgen haben. Wenn man auf sich aufpasst und die Frühwarnzeichen kennt, kann man der „Stressfalle" meist gut begegnen und weitergehenden schwerwiegenden Problemen und Erkrankungen rechtzeitig vorbeugen.

So können Sie Stress begegnen

Um zukünftig mit Stresssituationen angemessen umgehen zu können, ist ein flexibles Repertoire an Bewältigungsstrategien notwendig. Denn jede Stresssituation erfordert eine maßgeschneiderte Methode, um angemessen reagieren zu können. Patentrezepte gibt es leider nicht. Die Wirksamkeit der Stressbewältigung ist individuell und situationsbezogen.

Es gibt grundsätzlich zwei Wege der Stressbewältigung. Auf der einen Seite gibt es Strategien, die kurzfristige Erleichterung verschaffen, um zum Beispiel Eskalationen zu vermeiden oder eigene hohe Erregungszustände zu verringern. Diese kurzfristigen Bewältigungsstrategien wendet man an, wenn

- man die Ursache einer Belastung im Moment nicht verändern kann oder will,
- man sich in einer Stresssituation befindet und einen kühlen Kopf behalten will oder
- man merkt, dass die eigene Erregung zu hoch ist und man sie deshalb senken möchte.

Auf der anderen Seite gibt es jene Techniken, die zum Ziel haben, die Stresssituation selbst zu ändern oder/und an sich selbst zu arbeiten. Die Belastung wird direkt angegangen und das Problem langfristig gelöst. Somit wird die Belastungssituation nicht nur erträglicher, sondern grundsätzlich verändert und der Organismus stressresistenter gemacht. Dazu bedient man sich der sogenannten „langfristigen Stressbewältigungsstrategien".

Eine langfristige Bewältigungstechnik zu erlernen und anzuwenden ist dann angebracht, wenn

- man die Ursache einer Belastung verändern, beseitigen oder reduzieren will oder
- eine Belastung vorhersehbar ist und man sich darauf vorbereiten möchte.

Kurzfristige Stressbewältigungsstrategien

Kurzfristige Bewältigungsstrategien können sein:

- Spontanentspannung und Abreaktion
- Ablenkung und Wahrnehmungslenkung
- positive Selbstgespräche
- bewusste Ernährung
- ausreichend Schlaf

Spontanentspannung und Abreaktion

Auf typische persönliche Stresssituationen (zum Beispiel einen Vortrag) kann man sich vorbereiten und bereits im Vorfeld überlegen und üben, welche stressabbauenden Maßnahmen in einer solchen Situation sinnvoll eingesetzt werden können. Auch können während und nach einer Stresssituation vorher intensiv eingeübte Techniken eingesetzt werden, die erfahrungsgemäß helfen, die Erregung zu drosseln. Besonders geeignet für solche „auf Kommando" abrufbaren erregungsreduzierenden Maßnahmen sind Übungsteile aus der systemischen Muskelentspannung oder

Atemübungen (siehe daher auch das Kapitel zu langfristigen Bewältigungsstrategien).

Am leichtesten einsetzbar sind die muskulären Methoden. Man lernt, einzelne Muskelgruppen zu entspannen, die man in einer Stresssituation gerade nicht benötigt und bei denen die Entspannung besonders gut gelingt, wie zum Beispiel die Rücken- und Schultermuskulatur. In Belastungssituationen sind viele Muskelgruppen unnötig stark angespannt. Um dagegenzuarbeiten, beobachtet man, welche das sind, um dann genau diese Muskeln zu entspannen, indem man sie kurzfristig bewusst anspannt und dann locker lässt (siehe Kurzanleitung zur progressiven Muskelentspannung).

Körperliche und emotionale Abreaktion

Wir sind physiologisch so programmiert, dass wir durch Bewegung den Stress abbauen können (Kampf oder Flucht). Wenn Sie Ihre Arbeit nach einer extrem stressigen Situation nicht unterbrechen können, um Sport zu treiben, kann ein erster Schritt sein, die Treppe anstelle des Aufzugs zu nehmen. Es kann auch helfen, mal mit dem Fuß aufzustampfen oder abends, wenn man immer noch „geladen" ist, Sport zu treiben. Denn Stresshormone zirkulieren zwischen acht und 48 Stunden in unserem Körper und können durch Muskelarbeit schneller abgebaut werden. Stressresistenz und Belastbarkeit werden erhöht.

! Wichtig ist, dass die sportlichen Aktivitäten nicht übertrieben werden und so neue Stressquellen entstehen.

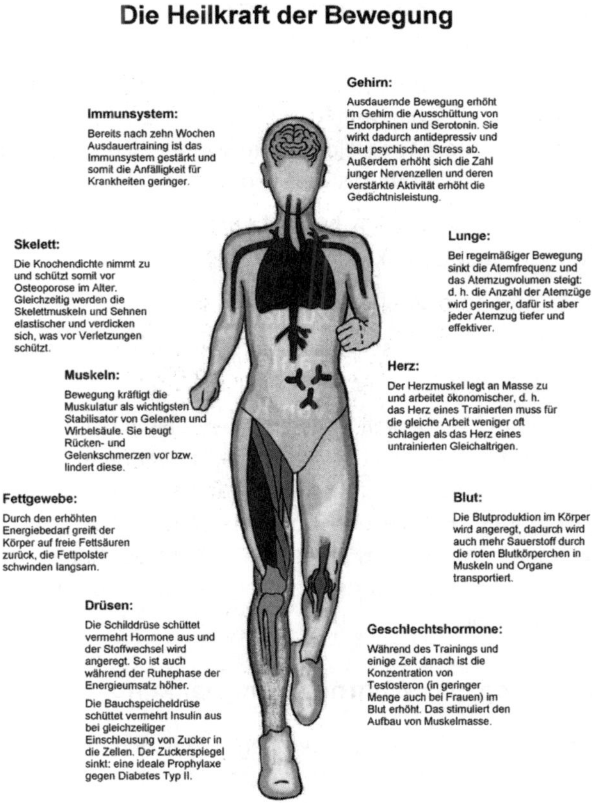

Körperlicher Ausgleich bzw. Sport hat neben der gewünschten Entspannung und Stressreduktion noch weitere positive Nebenwirkungen:

- Sport ermöglicht eine Distanzierung zum Problem.

- Durch regelmäßigen Sport werden die Glückshormone Serotonin und Endorphin freigesetzt.
- Regelmäßiger Sport verbessert die Gesundheit: Das Herzinfarkt- und Schlaganfallrisiko sinkt, das Atemvolumen nimmt zu, Stoffwechselprodukte werden schneller abgebaut und das Immunsystem wird gestärkt.
- Eine gut ausgebildete Muskulatur schützt vor Rücken-, Nacken- und Gelenkschmerzen.
- Die Osteoporosegefahr vermindert sich.
- Sport baut überflüssiges Fett ab, die Körperhaltung und die Ausstrahlung verbessern sich.

Eine weitere Möglichkeit ist es, den Gefühlen hin und wieder freien Lauf zu lassen. Der im Stress angestauten Gefühle kann man sich entledigen, indem man sich beispielsweise bei Freunden, Familie und Kollegen „ausschimpft". Dabei muss man sich allerdings so weit unter Kontrolle haben, dass man sich selbst und anderen nicht schadet und so neuen Stress verursacht.

Ablenkung und Wahrnehmungslenkung

Da bei akutem Stress in der Regel eine Einengung der Wahrnehmung auf den Stressreiz stattfindet, können mit Ablenkung gezielte Aktivitäten unternommen werden, die die belastende Situation vorübergehend vergessen lassen. Die Aufmerksamkeit wird auf andere Dinge und Tätigkeiten fokussiert. Für eine kurze Zeit beschäftigt man sich mit etwas ganz anderem und konzentriert sich vollständig auf diese neue Tätigkeit. Diese Methode ist sehr einfach durchzuführen und hat sich besonders dann bewährt, wenn Erregungsspitzen vermieden werden müssen. Die gewählten Aktivitäten sollten allerdings nicht neuen Stress erzeugen, wie dies zum Beispiel beim „Entspannungsschluck" oder der „Entspannungszigarette" der Fall ist.

Mögliche Ablenkungen

- *Schreibtisch aufräumen*
- *zum Kopieren gehen*
- *spazieren gehen*
- *Blumen gießen*
- *„Apfelpause" einlegen*
- *aus dem Fenster schauen*

Entwickeln Sie kein schlechtes Gewissen und nehmen Sie die neue Beschäftigung ernst. Konzentrieren Sie sich ganz darauf (zum Beispiel auf das Spazierengehen) und schieben Sie alle erregungssteigernden Gedanken zur Seite. Setzen Sie die neue Beschäftigung gezielt zur Erregungsreduktion ein. Da viele Studien belegen, dass die ersten zehn Minuten einer Pause am effektivsten sind, sollten die „Ablenkungspausen" nicht unter 10–15 Minuten dauern. Man sollte dabei nicht am Schreibtisch bleiben, eilige Einkäufe erledigen oder sonst etwas tun, was mit Arbeit zu tun hat. Vielmehr sollte man die Pausen mit etwas verbringen, was Spaß macht, ablenkt und entspannt.

Wahrnehmungslenkung

Mit der inneren Wahrnehmungslenkung versucht man, die Aufmerksamkeit ganz bewusst von der Stress auslösenden

Situation wegzulenken und sie intensiv auf etwas anderes zu richten – zum Beispiel auf einen beliebigen Gegenstand in der Nähe (Bild, Urlaubsfoto, Blumen etc.) oder aber auch auf Gedankenbilder, also einzelne Gegenstände oder komplexe Bilder, die nur in der Fantasie oder in der Erinnerung existieren.

> ### *Persönliche Ablenkungsgedanken*
>
> *Beispiel für ganz persönliche Erinnerungen können sein: ein Strand, eine Wiesen- oder Berglandschaft, ein See, aber auch eine Zahl, ein Kreis oder eine Farbe. Man kann die Aufmerksamkeit auch gezielt auf andere neutrale oder positive Gedanken richten, wie beispielsweise an lustige Ereignisse, Freizeitaktivitäten, Urlaubsplanung oder nette Menschen denken.*

Die Aufmerksamkeit wird also von unangenehmen Dingen auf positive Gedanken, die beruhigend wirken, gelenkt.

Positive Selbstgespräche

Drängen sich in Stresssituationen Gedanken auf wie beispielsweise „Das schaffe ich nie" oder „Das geht schief", können Sie diesen negativen Gedanken begegnen, indem Sie sie positiv umformulieren. Ziel dieser kurzfristigen Methode ist es, sich selbst positiv zu beeinflussen.

Es gibt drei Arten von Selbstgesprächen:

- **Umstrukturierung**

Den meisten Belastungssituationen kann man auch etwas Positives abgewinnen. Bei dieser Technik konzentriert man sich eben auf solche positiven Elemente wie zum Beispiel

„Jedes Kritikgespräch kann auch die Chance sein, sich zu behaupten" oder „Bei jeder Forderung gibt es auch die Möglichkeit, weiterzukommen". Mit dieser Umstrukturierung gelingt ein Perspektivenwechsel und man macht die Situation somit für sich erträglicher.

- **Bewältigung**

Man kann sich selbst auffordern, Stress auslösende Bedingungen zu verändern. Zum Beispiel kann man sich selbst instruieren, ruhig und gelassen, mit fester Stimme Lösungsansätze vorzutragen, anstatt sich darüber zu sorgen, wie unstrukturiert der eigene Vortrag ist. Man fordert sich selbst dazu auf, richtig zu handeln.

- **Selbstermunterung**

Es gibt viele Situationen, in denen es gelingt, sich durch Selbstgespräche aufzumuntern und sich Mut zuzusprechen. In Situationen, in denen Sie Angst verspüren, können Sie sich z. B. selbst dazu anhalten, eines nach dem anderen zu tun Sie können sich auch Formulierungen überlegen wie „Ich habe die Situation in der Hand" oder „Es gibt Schlimmeres". In Situationen, in denen Sie ärgerlich werden, könnte Folgendes hilfreich sein: ruhig bleiben, nicht alles persönlich nehmen, nicht aus der Fassung bringen lassen. Suchen Sie nach positiven Seiten. Ärger ist in Ordnung, aber die Kontrolle über ihn sollte bewahrt werden.

So können Sie bei der kurzfristigen Bewältigung mithilfe von Selbstgesprächen vorgehen:

- Sammeln Sie alle Selbstgespräche, die Ihnen vor, während oder nach einer Stresssituation durch den Kopf gehen, und halten Sie diese schriftlich fest.

- Teilen Sie diese Gedanken anschließend in positive und negative ein.
- Überlegen Sie sich dann positive Formulierungen für die gesammelten negativen. Achten Sie darauf, dass Sie diese auch tatsächlich akzeptieren können. Nur Selbstgespräche, an die sie selbst glauben, sind wirksam.

Aus negativ wird positiv

	Negatives Selbstgespräch	*Positives Selbstgespräch*
Vor der Stress-situation	*„Das wird nichts." „Das schaffe ich nie."*	*„Erst mal ausprobieren." „Ich habe schon so vieles geschafft."*
Während der Stress-situation	*„Ich werde schon wieder nervös." „Ich fange schon wieder an zu stottern, zu schwitzen, …"*	*„Bleib ruhig, entspanne dich." „Ich kann die Erregung nicht verhindern, aber ich kann sie steuern."*
Nach der Stress-situation	*„Das werde ich nie lernen." „Ich habe mal wieder versagt."*	*„Das war besser, als ich dachte." „Es wird von Mal zu Mal besser."*

! Die Strategie der positiven Selbstgespräche stellt eine Form der kognitiven Stressbewältigung dar. Dabei wird gezielt auf die Bewertung der Stresssituation und der eigenen Fertigkeiten Einfluss genommen.

Bewusste Ernährung

In stressigen Zeiten leben wir über unserem üblichen Energieniveau, um mit den Belastungen und Überlastungen klarzukommen. Das wirkt sich auch unmittelbar auf die Ernährung aus. Die einen reagieren damit, dass sie zu schnellen Energielieferanten wie beispielsweise Süßigkeiten, Cola oder Fast Food greifen, während die anderen ganz auf die Nahrungsaufnahme verzichten und dann von Heißhungerattacken befallen werden. Doch gerade in stressigen Zeiten ist eine ausgewogene Ernährung unerlässlich.

Hier die wichtigsten Ernährungstipps:

- Essen Sie regelmäßig und am besten viele kleine Mahlzeiten am Tag. Versorgen Sie Ihren Körper mit ausreichend Energie und Vitalstoffen. Essen Sie „bunt": Gemüse, Obst, Salat und Vollkornprodukte sollten täglich auf Ihrem Speiseplan stehen. Sie stellen dem Körper länger Energie zur Verfügung.
- Setzen Sie Mahlzeiten bewusst zur Stressreduktion ein und betrachten Sie sich nicht als lästige Unterbrechung der Arbeit.
- Konzentrieren Sie sich nur auf eines – entweder essen oder arbeiten. Arbeiten Sie nicht während des Essens, beispielsweise am Computer.
- Schaffen Sie sich eine angenehme Atmosphäre zum Essen – auch wenn es nur 15 Minuten sind. Schalten Sie in dieser Zeit bewusst ab. Sprechen Sie beim Essen über positive Themen, vermeiden Sie Streit und Auseinandersetzungen.

- Reduzieren Sie die Aufnahme von Reizstoffen wie Kaffee, Cola, Tee (Tein), Alkohol oder Nikotin. Diese Mittel verstärken die negativen Auswirkungen von Stress auf Ihre Gesundheit.
- Trinken hält fit: Wasser, Früchte-/Kräutertee und Fruchtsäfte unterstützen den Körper beim Stoffwechsel und sorgen dafür, dass organische und geistige Prozesse im Fluss bleiben.
- Ballaststoffreiche Lebensmittel sorgen für eine gute Darmfunktion, was sich positiv auf das Wohlbefinden und damit auf die Stressresistenz auswirkt.
- B-Vitamine (z. B. in Nüssen, Milchprodukten, Keimen und Fleisch) stärken die Nerven und die Gedächtnisleistung und wirken stresslindernd. Mineralstoffe wie Kalium, Magnesium und Kalzium sind an der Reizweiterleitung der Nerven beteiligt und haben die Funktion der „Nervennahrung".

Ausreichend Schlaf

Sowohl qualitative als auch quantitative Schlafstörungen gehören zu den größten Stressoren. Der Organismus erholt sich im Schlaf und sammelt Kraft für die Anforderungen des kommenden Tages. Fehlt der Schlaf, werden die Energiereserven immer knapper und die Stressreaktionen verstärken sich. Es benötigt nicht jeder gleich viel Schlaf. Wer nach nur wenigen Stunden ausgeruht und leistungsfähig ist, hat entsprechend ausreichend geschlafen. Doch physische und psychische Belastungen können den Schlaf aus dem Gleichgewicht bringen. Gerade in stressigen Zeiten ist auf ausreichend Schlaf zu achten. Hilfreich ist es, die Regeln der Schlafhygiene einzuhalten.

Schlafhygiene

Schlafhygiene = die Lehre, die einen gesunden Schlaf ermöglicht bzw. fördert. Die Einhaltung von bestimmten Regeln hilft, Schlafstörungen auch in stressigen Lebensabschnitten zu vermeiden. Denn nur wer ausgeschlafen ist, ist den Anforderungen des täglichen Lebens gewachsen.

Regeln der Schlafhygiene:

- Halten Sie jeden Tag (auch am Wochenende) regelmäßige Aufsteh- und Zubettgehzeiten mit einer maximalen Abweichung von einer halben Stunde ein.
- Schlafen Sie tagsüber nicht mehr als 20 Minuten und nicht nach 15 Uhr, denn der Schlafimpuls kann auch durch ein kurzes Nickerchen unverhältnismäßig stark unterdrückt werden. Ein- und Durchschlafstörungen sind die Folge. Auch das Eindösen vor dem Fernseher am Abend ist in dieser Hinsicht besonders gefährlich.
- Bleiben Sie nicht zu lange im Bett liegen, wenn Sie nicht schlafen.
- Trinken Sie mindestens drei Stunden vor dem Zubettgehen keinen Alkohol mehr. Alkohol verhilft zwar manchmal zu einem leichteren Einschlafen, beeinflusst aber die Schlafqualität negativ und führt vor allem in der zweiten Nachthälfte oft zu Durchschlafproblemen.
- Trinken Sie vier bis acht Stunden vor dem Zubettgehen keine koffein- und teinhaltigen Getränke mehr, denn oft

kann die schlafstörende Wirkung von Kaffee acht bis 14 Stunden anhalten.

- Rauchen Sie nicht mehr nach 19 Uhr. Nikotin wirkt sich auf den Schlaf ähnlich negativ wie Koffein aus. Langfristig wird der Schlaf auch durch die vom Rauchen eingeschränkte Funktion der Lunge beeinträchtigt.
- Drei Stunden vor dem Zubettgehen sollten Sie keine größeren Mahlzeiten zu sich nehmen: Ein voller Bauch oder eine volle Blase können den Schlaf beeinflussen. Ein kleiner Snack hingegen, z. B. in Form einer Banane, oder Milch mit Honig kann sich wegen des darin enthaltenen Stoffes (L-Tryptophan) sehr positiv auswirken.
- Vermeiden Sie körperliche Anstrengungen nach 19 Uhr, denn diese regen das sympathische Nervensystem an, das für Aktivität und Stress zuständig ist. Gehen Sie daher sportlichen Aktivitäten grundsätzlich am Tag nach.
- Gestalten Sie Ihre Schlafumgebung angenehm. Achten Sie dabei auf ein gut gelüftetes, nicht zu warmes Zimmer, sorgen Sie für Dunkelheit und Lärmfreiheit und für eine geeignete Matratze. Verzichten Sie auch auf beengende und unbequeme Schlafkleidung. Ebenso sollte das Schlafzimmer nach Möglichkeit nur zum Schlafen dienen und nicht gleichzeitig als Arbeitszimmer.
- Schaffen Sie zwischen Ihrem Alltag und dem Zubettgehen eine „Pufferzone". Vermeiden Sie den nahtlosen Übergang zwischen Alltagsstress und Schlaf. Falls Sie die Planung für den kommenden Tag, noch zu erledigende Arbeit, anstrengende Gespräche oder Grübeleien nicht loslassen, ist es hilfreich, dies schriftlich als Notiz festzuhalten und beiseitezulegen.

- Regelmäßige Zubettgehrituale wie beispielsweise Zähne putzen, Heizungen herunterdrehen oder eine zehnminütige Meditation stimmen den Körper auf den Schlaf ein.
- Wenn Sie nachts aufwachen, sollten Sie nichts essen, sich nicht hellem Licht aussetzen und es vermeiden, auf die Uhr zu schauen.

Um zu überprüfen, ob die Einhaltung dieser Regeln auf Ihren Schlaf Einfluss hat, müssen Sie sich über mindestens vier Wochen konsequent danach richten und die Auswirkungen in einem Schlafprotokoll oder -tagebuch festhalten. Ein Schlaftagebuch bietet einen Überblick über die ganze Woche und Zusammenhänge werden deutlicher, sodass Stressoren gezielt ausgeschaltet und Bewältigungsstrategien umgesetzt werden können.

Ihr Schlaftagebuch

Abendprotokoll:

Waren Sie insgesamt mit dem Tag zufrieden? Bitte markieren Sie zwischen 0 (überhaupt nicht zufrieden) und 100 (sehr zufrieden):

---

0 100

Welche besonderen Ereignisse fanden statt?

1.

2.

3.

Wie war die Stimmung? Bitte markieren Sie zwischen 0 (schlechte Stimmung) und 100 (sehr gut gelaunt):

---

0 100

Wie leicht/schwer fiel es Ihnen heute, Leistung (in der Arbeit, im Haushalt, Kreativität, Sport) zu erbringen? Bitte markieren Sie zwischen 0 (sehr schwer gefallen) und 100 (sehr leicht gefallen):

---

0 100

Morgenprotokoll:

Wie war der Schlaf in der vergangenen Nacht? Bitte markieren Sie zwischen 0 (gar nicht geschlafen) und 100 (ausreichend gut geschlafen):

---

0 100

Fühlen Sie sich ausgeschlafen? Bitte markieren Sie zwischen 0 (überhaupt nicht ausgeschlafen) und 100 (ausgeschlafen):

---

0 100

Haben Sie in den letzten vier Stunden vor dem Zubettgehen Alkohol getrunken? Wenn ja, wie viel?

Nein Ja:

Haben Sie in den letzten vier Stunden vor dem Zubettgehen eine Mahlzeit zu sich genommen? Wenn ja, was und wie viel?

Nein Ja:

Haben Sie tagsüber geschlafen? Wenn ja, wie lange?

Nein Ja:

Wie oft sind Sie in der Nacht aufgewacht?

Einmal Ein- bis dreimal Mehr als dreimal

Wann sind Sie ins Bett gegangen? Wann haben Sie das Licht gelöscht?

Zu Bett gegangen um: Licht gelöscht um:

Haben Sie zukünftige Termine (Planung kommender Tag), anstrengende Gespräche und Konflikte, noch zu erledigende Arbeit und/oder Grübeleien mit ins Bett genommen? Wenn ja, welche?

Planung:

Konflikte:

Grübeleien:

Zu erledigende Arbeit:

Positive Aktivitäten und Erlebnisse für heute: Welche positiven Aktivitäten nehmen Sie sich für den heutigen Tag vor?

1.

2.

3.

Langfristige Stressbewältigungsstrategien

Während Kurzformen der Entspannung bei akuten Stresssituationen eingesetzt werden können, setzen langfristige Bewältigungsstrategien gezielt und systematisch am Organismus an, wirken nachhaltig und können leicht erlernt werden. Langfristige Strategien der Stressbewältigung sollen zum einen Stress vorbeugen, zum anderen eine bereits bestehenden Überlastung abbauen.

Zu den wichtigsten langfristigen Bewältigungsstrategien zählen:

- Entspannungstechniken, zum Beispiel progressive Muskelentspannung nach Jacobson, Achtsamkeitsmeditation, Atemübungen und autogenes Training
- Zufriedenheitserlebnisse
- soziale Kontakte und Beziehungen
- Einstellungsänderung
- Qualifikation und Fertigkeiten
- Zeitmanagement
- Problemlösung
- „Plan B"
- auf die „inneren Stimmen" hören
- „Vogelperspektive"

Entspannungstechniken

Progressive Muskelentspannung nach Jacobson

Der amerikanische Neurologe Edmund Jacobson (1885–1976) beobachtete, dass insbesondere verspannte Muskeln, die kurz angespannt und bewusst wieder gelöst wurden, viel entspannter sind als vor dieser Aktion.

Beim Anspannen wird das Blut aus den Blutgefäßen gedrückt, durch die Entspannung erweitern sich diese stärker. Dadurch kommt es zu einer besseren Durchblutung, wodurch die verspannte Muskelpartie gelockert wird. Die muskuläre Entspannung kann im Liegen, z. T. im Sitzen oder im Stehen durchgeführt werden – Hauptsache ist, dass Sie es bequem haben und auf einer nicht zu weichen Unterlage liegen oder sitzen. Zunächst spannen Sie nicht zu fest an, halten die Spannung für fünf Sekunden, achten dabei auf die Empfindung und lassen dann wieder locker. Atmen Sie dabei ruhig und gleichmäßig durch die Nase ein und durch den Mund wieder aus. Anzahl, Auswahl und Häufigkeit der Übung bestimmen Sie selbst.

Muskelentspannung nach Jacobson

- *Linke Hand fest zur Faust machen, fester und fester ballen, die Spannung fühlen und wieder öffnen und die Finger lockerlassen. Entspannung der Finger und Hand fühlen, dieselbe Übung mit der rechten Hand und dann mit beiden Händen durchführen. Wiederholen Sie die Übung.*
- *Beugen Sie den Ellenbogen und spannen Sie den Bizeps. Fester und fester spannen und das Spannungsgefühl beobachten. Die Arme wieder strecken, entspannen und auf den Unterschied achten. Nun spannen Sie den Bizeps des anderen Arms an und anschließend beide Arme gleichzeitig und entspannen. Übung wiederholen.*
- *Drücken Sie die Zehen und Füße gegen den Boden und spüren die Spannung Ihrer Wadenmuskulatur. Ziehen Sie die Fußspitzen in Richtung Schienbein hoch und spüren Sie die Spannung in den Unterschenkeln. Lassen Sie nun locker und achten Sie auf den Unterschied. Wiederholen Sie auch diese Übung.*
- *Spannen Sie das Gesäß und die Oberschenkel und spüren die Spannung in den Schenkeln. Drücken Sie die Fersen so*

fest wie möglich herunter. Entspannen Sie, beobachten Sie den Unterschied und wiederholen Sie die Übung.

- *Spannen Sie Ihre Bauchmuskeln an und spüren Sie, wie sie fest werden; entspannen; gegen die Bauchdecke ein- und ausatmen. Auch diese Übung wiederholen.*
- *Runzeln Sie die Stirn, indem Sie die Stirnmuskeln fest nach oben ziehen, sodass horizontale Falten entstehen. Halten Sie diese Spannung fünf Sekunden lang, entspannen Sie wieder und beobachten Sie, wie die Stirn immer glatter und die Kopfhaut immer entspannter wird.*
- *Ziehen Sie die Augenbrauen zusammen und beobachten Sie die Spannung, beenden Sie die Anspannung wieder und lassen Sie die Augenbrauenpartie wieder locker.*
- *Kneifen Sie die Augen fest zusammen, lassen Sie locker und wiederholen Sie diese Übung.*
- *Beißen Sie die Zähne fest aufeinander und spannen Sie die Kiefermuskeln an. Beobachten Sie die Spannung in der Kiefermuskulatur bis zur Entspannung. Ebenso die Lippen: fest aneinanderpressen, halten und entspannen und den Unterschied beobachten.*
- *Drücken Sie den Kopf so fest wie möglich zurück und beobachten Sie die Spannung im Nacken, bis Sie wieder locker lassen. Konzentrieren Sie sich auf den Unterschied und wiederholen Sie die Übung.*
- *Ziehen Sie jetzt die Schultern hoch und noch höher, halten Sie die Spannung und lassen Sie locker.*
- *Lassen Sie zum Ende der Übung Ihren Atem etwas schneller werden, geben Sie langsam wieder Kraft in Ihre Arme und Beine, rekeln und strecken Sie sich und dehnen Sie Ihren Körper, öffnen Sie Ihre Augen und spüren Sie die Wirkung Ihrer Entspannung.*

Achtsamkeitsmeditation

Es gibt viele Meditationstechniken. Eine davon ist die Achtsamkeitsmeditation, bei der man mit großer Aufmerksamkeit dem Ein- und Ausatmen folgt. Meditation bringt uns zur Ruhe, bringt Seele und Körper ins Gleichgewicht und senkt das Erregungsniveau. Sie senkt den Puls und den Blutdruck, stärkt das Immunsystem und hilft, den Stress auszugleichen. Meditieren kann man so gut wie überall.

Unser Alltag ist voller Reize und allem möchten wir so viel Beachtung wie möglich schenken. Doch die Aufmerksamkeit verbraucht sich: Abends sind wir oft weniger aufmerksam als tagsüber. Auch physischer und psychischer Druck verzerren die Aufmerksamkeit, nicht selten ins Negative. Meditieren ist das Bemühen, nur eine Sache wahrzunehmen, z. B. sich einzig und allein auf die Atmung zu konzentrieren. Durch diese Übung erweitern Sie den Bereich der bewussten Wahrnehmung kontinuierlich.

Neben der alltäglichen Aufmerksamkeit gibt es eine Form der erhöhten Aufmerksamkeit: die Achtsamkeit. Achtsamkeit ist das Wissen um Aufmerksamkeit. Wer im Augenblick weiß, worauf die Aufmerksamkeit fokussiert ist, der ist achtsam. Mithilfe der Übung können Sie Achtsamkeit trainieren.

Ob Sie beim Meditieren auf dem Boden oder einem Stuhl sitzen, ist egal – Hauptsache ist, dass Sie sich wohlfühlen und möglichst ruhig und aufrecht sitzen können. Die Kleidung sollte bequem sein und Bauch und Brust nicht beengen. Wenn Sie die Augen beim Meditieren schließen können, finden Sie mehr Distanz zum Alltag. Meditieren Sie anfangs maximal zehn Minuten und mit Anleitung, entweder mit einer Übungs-CD oder in einem Meditationskurs.

So meditieren Sie

- *Nehmen Sie Ihre Meditationshaltung ein und „erden" Sie Ihren Körper, d. h. scannen Sie Ihren Körper von Kopf bis zu den Füßen ab. Fühlen Sie ganz bewusst, ob Sie sitzen, ob Ihre Fußsohlen fest auf dem Boden sind, ob die Arme locker im Schoß liegen und ob Nacken und Kopf zentriert sind. Erlauben Sie Ihrem Körper, schwerer, breiter und weicher zu werden.*
- *Im Körper angekommen, fokussieren Sie nun Ihre Aufmerksamkeit auf das Heben und Senken der Bauchdecke, das Ausdehnen und Zusammenfallen im Brustkorb, das Ein- und Ausströmen der Luft durch die Nase.*
- *Wählen Sie nun einen Bereich aus, in dem der Atem für Sie am einfachsten und am deutlichsten wahrnehmbar ist, zum Beispiel das Heben und Senken des Brustkorbs.*
- *Verfolgen Sie nun einige Zeit mit wachsender Aufmerksamkeit die Atembewegungen.*
- *Versuchen Sie, den Atem nicht zu verändern und zu beeinflussen (besonders tief einatmen oder Luft anhalten), sondern so zu lassen, wie er von selbst kommt.*
- *Seien Sie geduldig mit sich. Der Geist wird gerade in der Anfangszeit auf der Suche nach Ablenkung verschiedene Gedanken, Bilder und Erinnerungen verfolgen. Versuchen Sie, diese wohlwollend anzunehmen, und schieben Sie sie sanft beiseite. Fokussieren Sie Ihre Aufmerksamkeit wieder auf Ihre Atmung.*
- *Geduld ist ein Nebenprodukt der Meditation. Versuchen Sie, ohne Leistungsdruck zu meditieren.*
- *Achten Sie nun ganz auf die Ein- und Ausatmung, bis Ihre selbst gesetzte Meditationszeit zu Ende ist.*

- *Kommen Sie langsam wieder zurück, atmen Sie tief ein und aus, rekeln und strecken Sie sich und öffnen Sie die Augen.*
- *Beobachten Sie aufmerksam, wie entspannt und gut Ihr Körper sich anfühlt.*

Atemübungen

An der Atmung kann man erkennen, wie angespannt jemand ist. Im Stress ist die Atmung schnell und flach – im Zustand der Entspannung langsam und gleichmäßig. Viele Menschen atmen falsch – bei unvollständiger und verkrampfter Atmung arbeitet der Organismus unökonomisch und das Erregungsniveau steigt an. Richtiges Atmen kann durch einfache, aber regelmäßige Übungen erlernt werden.

Atmen Sie zunächst tiefer ein als gewöhnlich. Dann atmen Sie in einer Bewegung wieder aus, ohne den Atem nach dem Einatmen anzuhalten. Wenn Sie ausgeatmet haben, halten Sie Ihren Atem für ca. sechs bis zehn Sekunden an. Finden Sie selbst heraus, welche Zeit für Sie am angenehmsten ist. Nun atmen Sie wieder ein, atmen in einer Bewegung wieder aus, ohne den Atem anzuhalten, und halten ihn dann für weitere sechs bis zehn Sekunden. Wiederholen Sie diese Atemübung, bis Sie eine deutliche Entspannung spüren.

Sie können diese Übung vor dem Einschlafen am Abend, beim Warten vor dem Konferenzraum oder vielleicht sogar in der Pause oder vor einem wichtigen Gespräch oder Termin einsetzen.

Um eine noch wirkungsvollere Entspannung herbeizuführen, üben Sie die Technik der dreistufigen Atmung ein:

- Schlüsselbeinatmung: Legen Sie die Hände auf den oberen Teil des Brustkorbs und atmen Sie so ein, dass sich der Brustkorb langsam hebt. Beim Ausatmen achten Sie darauf, dass die gesamte Luft ausströmt.
- Brustatmung: Legen Sie die Hände rechts und links vom Brustbein auf die unteren Rippen, sodass sich die Fingerspitzen fast berühren. Atmen Sie nun so tief ein und aus, dass die Fingerspitzen sich zunächst von einander entfernen und sich dann wieder fast berühren.
- Bauchatmung: Legen Sie die Hände auf den Bauch. Beim Einatmen hebt sich der Bauch und die Hände werden nach oben gedrückt. Beim Ausatmen wird der Bauch wieder flach.

Wiederholen Sie diese drei Atemübungen jeweils fünf bis 15 Mal. Atemtechniken können isoliert angewendet werden, sind aber auch sinnvolle Ergänzungen zu muskulären Entspannungstechniken, in der Meditation integriert und auch Teil des autogenen Trainings.

Autogenes Training

Das autogene Training ist eine Form von Selbstsuggestion. Es ist ein methodisches Vorgehen, das nur mit regelmäßigem Üben wirkt.

Die intensive Vorstellung, auf eine Zitrone zu beißen, erzeugt sauren Geschmack auf der Zunge und lässt den Speichel aus den Drüsen fließen. Ebenso ist es beim Betrachten eines

Films: Man lacht oder weint aus Mitgefühl oder bekommt Herzklopfen.

> Intensive Vorstellungen lösen Gefühle und gleichzeitig vegetative Funktionen aus, wie Speichel- oder Tränenfluss oder Herzklopfen. **!**

Beim autogenen Training wird die Entspannung willentlich herbeigeführt. Durch bewusste Konzentration auf den Körper oder auf verschiedene Abschnitte kann ein Schwere- oder Wärmegefühl herbeigeführt werden. Dabei entspannen sich Muskeln, die Blutgefäße erweitern sich. Das führt zu einer besseren Durchblutung und letztlich zur Entspannung. Zum Beispiel:

Sagen Sie sich:

- *„Mein Arm wird ganz schwer und warm."*
- *„Ich bin ganz ruhig und entspannt."*

Empfehlenswert ist es, das autogene Training in einem Trainingscenter zu erlernen.

> Bei allen Entspannungstechniken ist es äußerst wichtig, dass sie „zu Ihnen passen". Welche die richtige und die effektivste Technik für Sie ist, können Sie nur durch Ausprobieren herausfinden. **!**

Zufriedenheitserlebnisse

Bei hoher, lang andauernder Stressbelastung ist die Empfänglichkeit für angenehme Erfahrungen stark herabgesetzt: Das Treffen mit Freunden nach der Arbeit oder das Konzert am Wochenende, für das man bereits Karten hat, werden zur Belastung. Aus Zeit- und Energiemangel werden oft diejenigen Ausgleichsaktivitäten unterlassen, die eigentlich im Alltag regulierend wirken. Vieles, was früher Spaß gemacht hat, empfindet man während einer Dauerbelastung als lästig – man gerät aus der Balance.

Doch für die Stressbewältigung ist das Ausüben von Tätigkeiten, die Freude machen und auch langfristig positiv wirken, außerordentlich wichtig. So schwierig es auch ist: Gerade während einer Dauerbelastung müssen Sie sich Zeit für wirksame Zufriedenheitserlebnisse nehmen.

Gönnen Sie sich solche Erlebnisse und versuchen Sie sich Raum für solche Aktivitäten zu schaffen. Oft genügt es, sich einfachen und spontanen Vergnügungen zu widmen. Die Bandbreite solcher Alltagsentspannungen reicht vom Kino-, Theater- oder Konzertbesuch über Einkaufsbummel bis hin zu Partys geben und besuchen.

Empfehlenswert ist es, nach den „Genussregeln" vorzugehen:

- Genuss benötigt Zeit: Für angenehme Aktivitäten bei der Arbeit und auch danach muss genügend Zeit reserviert werden. Keine Zeit – kein Genuss/keine Erholung.
- Genuss darf sein: Die Einstellung „erst die Arbeit, dann das Vergnügen" verbietet Genuss und man hat es schwer,

angenehme Erfahrungen zu machen. Doch wann ist die Arbeit zu Ende?

- Genuss erfordert Konzentration: Auf angenehme Tätigkeiten muss man sich konzentrieren. Man sollte sich möglichst wenig ablenken lassen und sie auch nicht nebenbei durchgeführt.
- Genuss ist individuell: Jeder muss für sich herausfinden, was angenehm und entlastend ist. Oft sind neue Aktivitäten und Eindrücke gute Gelegenheiten für Genuss und Entspannung, z. B. eine neue Sportart oder ein neues Restaurant mit fremdländischer Küche.
- Ein Mehr an Genuss- und Zufriedenheitserlebnissen ist nicht gleich ein Mehr an Entspannung: Wie mit fast allen Genussmitteln ist weniger oft mehr: Nach einem Stück Schokolade geht es einem gut, nach einer ganzen Packung nicht mehr. Das gilt auch für geistige Genüsse – ein guter Film kann Genuss bedeuten, den ganzen Abend vor dem Fernseher zu sitzen, hat wahrscheinlich nur noch wenig mit Genuss zu tun.
- Genuss erfordert Erfahrung: Um richtig genießen zu können, bedarf es geschärfter Sinne. Wer nie erlebt hat, dass ein Waldspaziergang verschiedene Sinne anspricht (hören, sehen, riechen, körperlich empfinden), der kann sich auch schwer vorstellen, dass dies Genuss bereiten und zur Entspannung führen kann.
- Genuss ist jeden Tag möglich: Sie sollten sich jeden Tag eine kleine Ruhepause gönnen. Wenn dies nicht gelingt, ist mittelfristig Ihre Gesundheit gefährdet.

Zudem sind Zufriedenheitserlebnisse empfehlenswert, die

- ohne großen Aufwand durchführbar sind,
- Sie eventuell zusammen mit einem Ihnen wichtigen Menschen unternehmen können,
- mit einer gewissen Regelmäßigkeit praktiziert werden,
- persönlichen Interessen und Neigungen entsprechen,
- keine negativen Folgen für Sie und Ihre Umwelt haben.

Soziale Kontakte und Beziehungen

Wer kennt das nicht: Man arbeitet und vergisst dabei über längere Zeit, seine sozialen Kontakte zu pflegen, und stellt dann fest, dass man gar nicht mehr wüsste, wem man sich anvertrauen könnte. Gerade bei denjenigen, die über ausgeprägte interpersonelle Konflikte als Hauptstressor berichten, ist ein tragfähiges Netzwerk von Kontakten nicht (mehr) vorhanden. Dabei kann gerade ein solches Netz der Isolation und Überforderung langfristig entgegenwirken.

Soziale Kontakte müssen gepflegt werden, und das kostet Zeit und Kraft – denn befriedigende Beziehungen setzen einiges voraus:

- sich Zeit nehmen für Familie und Freunde
- Bereitschaft, sich mit den Problemen der anderen auseinanderzusetzen
- Interesse für andere zeigen
- Kontakte wichtig nehmen
- sich abgrenzen können und auch mal „nein“ sagen

Freunde, Angehörige und Partner können bei Dauerstress oft Trost spenden. Das Reden über Sorgen und Probleme hat eine Ventilfunktion; der Stress wird automatisch abgebaut. Emotionaler Rückhalt und Geborgenheit in einem sozialen Gefüge helfen bei der Stressbewältigung und erhalten die Gesundheit.

> Nur qualitativ gute oder positive Kontakte führen zur Stressreduktion, während negative Kontakte selbst zu Stressoren werden können.

Einstellungsänderung

Verhalten in Stresssituationen wird durch Grundüberzeugungen und erlernte Verhaltensweisen gefördert. Denn unsere Erwartungen, unsere Gedanken und unsere Einstellung beeinflussen uns in der Bewertung der Situation. Eine negative Einstellung zu bestimmten Situationen erzeugt Stress. Die Identifikation solcher Stress verstärkenden und erzeugenden Einstellungen und deren Hinterfragung bilden einen wesentlichen Ansatz im Stressmanagement.

Stress erzeugende Einstellungen

- *„Es ist wichtig, dass mich alle akzeptieren und ich bei aller sehr beliebt bin."*
- *„Ich bin an allem schuld."*
- *„Es gibt nichts Schlimmeres, als Fehler zu machen."*

Eine Einstellungsänderung ist sinnvoll, vor allem wenn man feststellt, dass die Situation nicht verändert werden kann. Das folgende Modell hilft Ihnen bei der Identifikation und Hinterfragung solcher Stress erzeugender Einstellungen:

1. Erkennen der Stress erzeugenden Einstellung durch Schlüsselfragen:
   - Welche Erwartungen und Befürchtungen habe ich in der Situation?
   - Was fühle und denke ich in der Situation?
   - Was sage ich zu mir selbst?
2. Realitätsbezug der Einstellung
   - Verallgemeinere ich?
   - Sehe ich nur die negativen Seiten der Situation?
   - Was würde ein anderer zu meiner Einstellung sagen und ich zu anderen, wenn diese solch eine Einstellung hätten?
   - Wie sehen andere dieselbe Situation?
3. Veränderung des Denkens
   - Welche Vor- und welche Nachteile hat meine Einstellung?
   - Was würde passieren, wenn ich die alte Einstellung ändern würde?
   - Welche positiven Einstellungen würde mir ein Außenstehender anraten?
   - Was wäre eine positive Einstellung und wie könnte ich diese formulieren?
4. Veränderung des Verhaltens
   - Während der bisher belastenden Situation sage ich mir die neue positive Einstellung vor und mache mir deren positive Konsequenzen bewusst.

Notieren Sie nach der belastenden Situation, wie mithilfe der neuen Einstellung ein positives Ereignis stattfand, um dies in Zukunft weiterhin zu üben.

Qualifikation und Fertigkeiten

Je geringer die Kontrollmöglichkeiten (ob real oder subjektiv wahrgenommen) über eine bestimmte Situation sind, desto mehr Stress entsteht: Je mehr man kann, desto mehr Situationen können souverän bewältigt werden und desto geringer ist die Stressanfälligkeit. Das gilt sowohl für den fachlichen Bereich als auch für die Soft Skills.

Aus-, Fort- und Weiterbildungen dienen der Qualifikation, um einer Überforderung bei der Arbeit vorzubeugen. Auch durch den Auf- und Ausbau von Fähigkeiten im zwischenmenschlichen Bereich minimieren sich die Stressprobleme: Fertigkeiten in der Kommunikation und im Sozialverhalten spielen in jeder erfolgreichen Stressprophylaxe eine herausragende Rolle.

Zu einer umfassenden Stressbewältigung gehören Fähigkeiten wie

- Ärgerkontrolle,
- aktiv zuhören,
- anderen Aufmerksamkeit widmen,
- Selbstvertrauen und
- Kontaktfähigkeit.

Folgende Fähigkeiten sind eine gute Basis für die Verbesserung der eigenen Stresskompetenz:

Kommunikation

- rhetorische Fähigkeiten
- angriffsfreie Darstellung der eigenen Wünsche
- aktiv zuhören

Soziale Kompetenz

- fordern
- zieldienlich „nein" sagen
- sich selbst vertrauen
- durchsetzen

Führung

- motivieren
- delegieren
- kontrollieren
- beurteilen

Arbeitsmethodik

- Zeitmanagement
- planen
- organisieren

! Reflektieren und trainieren Sie diese Fertigkeiten.

Zeitmanagement

Die meisten Tätigkeiten erfordern ein hohes Maß an Selbstständigkeit, also an Selbststeuerung und -organisation. Das erfordert ein genaues Planen und Organisieren der persönlichen Zeit. Beim Zeitmanagement geht es darum, durch geschickte Planung mehr Zeit für die wichtigen Dinge im Beruf und im Privatleben zu schaffen. Zunächst müssen Sie Ihre persönlichen „Zeitfresser" erkennen, indem Sie einige Tage – noch besser zwei bis drei Wochen – beobachten, womit Sie Ihre Tage füllen, wie wichtig diese Tätigkeiten tatsächlich sind und welche Störungen Sie von der Arbeit abhalten.

Häufige Gründe für Zeitverschwendung

- *fehlende Zielsetzung*
- *Unentschlossenheit*
- *zu viel auf einmal anfangen*
- *Verstrickung in Routine und Details*
- *Unordnung*

Es gibt eine Vielzahl von Techniken, die Ihnen beim Zeit- bzw. Selbstmanagement helfen können. Diese lassen sich in fünf Bereiche einteilen:

- Ziele setzen: Setzen Sie sich sowohl privat als auch beruflich kurz-, mittel- und langfristige Ziele.
- Übersicht verschaffen: Analysieren Sie im Vorfeld, welche Voraussetzungen existieren, um die selbst gesetzten Ziele zu erreichen. Welche Voraussetzungen müssen noch geschaffen werden?
- Prioritäten setzen: Unterscheiden Sie Ihre Aufgaben nach Wichtigkeit und Dringlichkeit:

- Aufgaben, die wichtig und dringend sind, erledigen Sie sofort und selbst.
- Terminieren Sie Aufgaben, die nicht dringend, aber wichtig sind. Erledigen Sie sie selbst zu gegebener Zeit.
- Delegieren Sie Aufgaben, die nicht wichtig, aber dennoch dringend sind (meist Tagesgeschäft).
- Nicht wichtige und nicht dringende Aufgaben kommen in die Ablage oder sogar in den Papierkorb.
- Planung: Tragen Sie Ihre Aufgaben und Aktivitäten in einen Tagesplan ein. Versuchen Sie dabei, die Dauer jeder Aufgabe abzuschätzen, und planen Sie eine Pufferzeit ein. Übertragen Sie unerledigte Aufgaben am Ende eines Arbeitstages auf den nächsten Tag.
- Motivation: Überprüfen Sie regelmäßig Ihre Einstellung zur eigenen Arbeit und zu den Kollegen. Versuchen Sie, eine positive Einstellung zu gewinnen, und genießen Sie Ihre Erfolgserlebnisse bewusst.

Problemlösung

Im Stressmanagement spielt auch die Bekämpfung Stress auslösender Faktoren wie z. B. chronische Lärmbelästigung oder Stressquellen in den Arbeitsabläufen (siehe auch Stressorenanalyse), einen wichtige Rolle. Einige Stressoren lassen sich tatsächlich einfach „ausschalten".

> **!** Um den Erfolg zu erhöhen, können mehrere Techniken zusammen oder nacheinander eingesetzt werden.

Herr Huber und seine Vorträge

Herr Huber hat sich entschlossen, vor jedem Vortrag seine neu erlernten Bewältigungsstrategien anzuwenden: Er zieht seine Schultern mehrmals nach oben und lässt sie anschließend wieder fallen. Ebenso entspannt er sein Gesicht aktiv (muskuläre Spontanentspannung). Obendrein ermuntert er sich mit den Sätzen: „Ich versuche, ganz ruhig und laut zu sprechen. Ich bin gut vorbereitet." (positive Selbstgespräche). Während des Vortrags, bei dem er von seinem streitbaren Kollegen „in die Mangel" genommen wurde, hat er sich zwei Atemzüge lang auf seine Atmung konzentriert und dabei gedacht: „Du schaffst es, sachlich zu bleiben. Aus jeder Kritik gehst du gestärkt hervor." Anschließend ist er die Treppen zu seinem Büro hochgelaufen, um seinem „Fluchtimpuls" nachzukommen. Am Abend, beim Essen mit Freunden, hat er die Gelegenheit genutzt, um über den Kollegen und die allgemeinen Arbeitsbedingungen zu schimpfen, und ist dann noch mal um den Block gelaufen.

Entwicklung von Alternativen („Plan B")

Viele Menschen, die gefragt werden, wie sie sich ihr Leben vorstellen, entwickeln oft erstaunliche Szenarien. Auf die Frage, was passieren würde, wenn etwas passieren würde, ist die Antwort jedoch nicht selten … Schweigen. Oder:

- „Das passiert mir schon nicht."
- „Habe ich mir noch nicht überlegt."
- „Brauche ich nicht."
- „Bin ich noch nicht alt genug für."
- „Es gibt nichts Anderes/Besseres für mich."

Niemandem ist zu wünschen, dass etwas passiert. Aber was, wenn die Partnerschaft auseinanderbricht und Kinder unterhalten werden müssen, noch viele Schulden auf der selbst genutzten Immobilie lasten oder man unvermutet für längere Zeit erkrankt und sein Einkommen nicht mehr garantieren kann?

Für solche Fälle, die derzeit ein Viertel (!) der Berufstätigen betreffen, ist es ratsam, rechtzeitig eine Berufsunfähigkeitsversicherung abzuschließen, um wenigstens die größten Risiken im Griff zu behalten und nicht nach Ende der Krankentagegeldzahlung mit Hartz IV auskommen zu müssen.

! Ein „Plan B" beinhaltet viel mehr als das finanzielle Überleben. Er bedeutet eine grundsätzlich andere Lebenseinstellung: „Egal was passiert, ich werde eine Möglichkeit der Bewältigung finden".

Diese innere Einstellung bedeutet,

- einen Lebensentwurf zu schmieden, der Hochs und Tiefs zulässt,
- Krisen zu kennen und bewältigen zu können,
- präventives Krisenmanagement zu betreiben,
- Worst-Case-Szenarien durchzuspielen,
- zu wissen, dass es im Leben immer auch anders kommen kann, als man sich das gedacht oder erhofft hat,
- zu wissen, dass man niemals alles selbst in der Hand hat – Krankheiten, wirtschaftliche Entwicklungen, Naturkatastrophen, politische Entwicklungen beeinflussen uns manchmal in einer sehr direkten Weise.

Wunsch und Wirklichkeit

Herrn Hubers Bruder Erwin ist 50 Jahre alt und arbeitet schon seit 30 Jahren als Banker. Er ist verheiratet, hat zwei Kinder im Alter von 12 und 14 Jahren. Um Karriere zu machen, hat er sich entschlossen, als Führungskraft einen Arbeitsplatz anzunehmen, der 500 km von seiner Familie entfernt liegt. Als Konsequenz sieht er seine Familie höchstens an den Wochenenden. In den letzten Jahren hatte er öfter unangenehmes Herzstechen. Die konsultierten Kardiologen bestätigten ihm, ganz gesund zu sein. Der letzte meinte, es hätte „wohl mehr mit seinem Kopf zu tun". Bevor er sich aber mit dem Attribut „nicht ganz dicht zu sein" auseinandersetzen musste, entschloss er sich zu einer psychologischen Beratung. Auf die Frage, was er als Junge für Berufsträume hatte und was er sich wünsche, antwortete er: „Ich wollte Jäger und Förster werden, aber mein Vater hat mich zur Banklehre überredet, weil ich da was werden könne und mein Auskommen habe. Außerdem bin ich ein Familienmensch und leide sehr unter der Trennung, es kriselt auch schon, weil wir uns gegenseitig vermissen."

Eine solche Erkenntnis mit 50 Jahren zu haben, ist nicht einfach. Aber auch längst nicht zu spät. Erwins Leben verlief bis dahin geradlinig. Ohne seine körperlichen „Auffälligkeiten" wäre vielleicht seine Familie in die Brüche gegangen. Erwin aber zog Konsequenzen aus diesem Gespräch:

Wendung zum Besseren

Ein halbes Jahr nach der Beratung meldet sich Erwin, um stolz über Veränderungen zu berichten: Er arbeite zwar noch beim selben Unternehmen, habe aber auf den Führungsposten verzichtet, um als normaler Mitarbeiter an seinen

Wohnort zurückkehren zu können. Die finanziellen Einbußen würden durch mehr Zeit für Familie und Bewegung in der Natur mehr als wettgemacht. Ihm und der Familie gehe es so gut wie lange nicht. Seine Beschwerden seien entweder weniger geworden oder er achte nicht mehr so stark darauf. Ein wesentlicher Punkt, der sich nun auch verändert habe: Er achte viel mehr auf seine inneren Stimmen.

Von inneren Stimmen

Jeder von uns hat seine – sehr unterschiedlichen – inneren Stimmen. Manche nennen es auch „inneres Team". Wie in jedem Team werden die Mitspieler unzufrieden und mucken auf, wenn sie zu lange vernachlässigt werden. Man spricht von intrapersonellen Konflikten.

Erwin und die inneren Stimmen

Eine innere Stimmen flüsterte Erwin jahrzehntelang zu: „Karriere ist das Wichtigste im Leben, es muss immer höher und weiter gehen, die Linie geht geradewegs nach oben." Das ging so lange gut, bis eine andere Stimme sich recht unangenehm und lautstark in ihm meldete. Eigentlich war diese Stimme schon immer da, aber Erwin ignorierte sie einfach. Irgendwann reichte es der Stimme und sie dachte sich: Von nun an tue ich dir weh, und zwar gleich richtig mit Angst – Schmerzen am Herzen. Nach der Facharzt-Odyssee konnte Erwin beim Therapeuten mit seinen inneren Stimmen (er fand heraus, dass da noch mehr waren) Kontakt aufnehmen und stellte fest, dass diese, wenn er zuhört, sehr genau wissen, was er eigentlich braucht: mehr Familie, mehr Natur und Bewegung, aber durchaus auch berufliche Bestätigung. Erwins Leistung bestand darin, seine inneren Stimmen quasi an einen „runden Tisch" zu bringen und miteinander diskutieren zu lassen. Heraus kam ein Kompromiss, mit dem alle einigermaßen zufrieden waren. Das Ergebnis für Erwin war eine deutliche Befindlichkeitsverbesserung – körperlich, psychisch, sozial und beruflich.

Je früher man damit beginnt, sein inneres Team kennenzulernen, es zu befragen und zu coachen, desto mehr ist man vor unangenehmen Folgen sicher, weil sich das Leben, quasi wie von selbst, an dem ausrichtet, was einem hilft.

Coach oder Trainer mit Vogelperspektive

Die eigene Rolle ist die des Coachs, des Coachs seiner unterschiedlichen Befindlichkeiten und Bedürfnisse, die durch die inneren Stimmen ausgedrückt werden.

Ein Coach spielt nicht selbst – er befindet sich in einer Art Vogelperspektive, aus der er Schwachstellen erkennen kann, und versucht, für einen reibungslosen Ablauf zu sorgen.

Die Prämissen dieser Lebenseinstellung heißen:

- Ich kann nie alles selbst bestimmen.
- Ich akzeptiere meine physischen und psychischen Grenzen.
- Wenn ich versuche, sie auszudehnen, dann immer im engen Abgleich mit meinem „Team".

- Mein „Team“ ist immer so gut wie der schwächste Teil.
- Die Mitspieler im Team sind nicht in gute und schlechte einzuteilen. Alle inneren Stimmen sind wichtig, auch die scheinbar unangenehmen. Ich brauche ganz unterschiedliche Charaktere.
- Ich sollte nie lange gegen die Befindlichkeiten meines Körpers arbeiten.

Auf den Punkt gebracht

Um dauerhaft gesund zu bleiben, ist es notwendig, die für sich passenden Bewältigungsstrategien zu finden, zu erlernen, zu trainieren und diese konsequent anzuwenden. Kombinieren Sie Ihre Strategien, verändern oder erweitern Sie diese bei Bedarf vor allem in verdichteten Zeiten.

Professionelle Hilfe – Wege zur richtigen Beratung/Therapie

Wenn Sie daran denken, professionelle Hilfe in Anspruch zu nehmen, denken Sie sich vielleicht:

- „Brauche ich das, ich bin doch nicht krank oder verrückt?“
- „Am Ende komme ich als anderer Mensch wieder raus.“
- „Ich möchte mich Fremden nicht anvertrauen.“
- „Wer weiß, was der mit seinem Analysieren noch alles bei mir rausfindet, was ich gar nicht wissen will.“

Außerdem tauchen auch ganz konkrete Fragen auf:

- Wie kommt man an einen guten Profi?
- Woran merke ich, ob er kompetent ist?
- Was gibt es für Behandlungsmöglichkeiten?
- Welche Kosten kommen auf mich zu?

Dieses Kapitel beschäftigt sich mit den Befürchtungen genauso wie mit den harten Fakten und will dazu ermutigen, sich rechtzeitig kompetente Hilfe zu holen.

Anzeichen von Überforderung erkennen

Viele Anzeichen für Überforderung wurden in den vorangegangenen Kapiteln bereits angesprochen. Sollten Sie unsicher sein, können Sie sich immer an eine Beratungsstelle oder niedergelassene Therapeuten wenden, um herauszufinden, welche Hilfe gegebenenfalls die Beste wäre, und wie und wo Sie diese bekommen.

Berater und Therapeuten unterliegen der Pflicht zur Neutralität und absoluten Verschwiegenheit, egal ob sie niedergelassen sind oder einem kirchlichen, parteilichen oder überparteilichen Trägerverein angehören. Beratung ist immer freiwillig: Sie bestimmen, was besprochen wird und wann die Beratung beendet ist.

Beratungsstellen

Träger von Beratungsstellen sind in der Regel Wohlfahrtsverbände (Arbeiterwohlfahrt, Caritas, Diakonie, Paritätischer Wohlfahrtsverband, Rotes Kreuz, Zentralstelle der Juden in Deutschland), Vereine und kommunale Stellen.

Vielleicht bleiben Sie gleich dabei und lassen sich dort eine Zeit lang begleiten. Auf der Homepage der Deutschen Arbeitsgemeinschaft für Jugend- und Eheberatung finden Sie zahlreiche unterschiedliche Beratungsstellen (z. B. Jugend-, Ehe-, Familien-, Lebens-, Schuldner-, Sucht-, Aids-, Sozial-, Migrationsberatung, Sozialpsychiatrische Dienste u. v. m.). Der Onlineführer ist stets aktuell und sowohl nach Städten als auch Postleitzahlen abrufbar. Sie finden ihn im Internet unter www.dajeb.de.

Die Kosten sind in der Regel nicht besonders hoch, manchmal wird auch eine Spende von Ihnen erwartet.

In den Beratungsstellen arbeiten Fachberater verschiedener Richtungen: Psychologen, Sozialpädagogen, Pädagogen, Psychotherapeuten, Ärzte, Fachberater für Ehe-, Familien- und Lebensfragen, Suchttherapeuten, Schuldnerberater und viele mehr. Der fachliche Standard des Personals wird von den Trägern der Einrichtungen genau überprüft: Sie können also kompetentes Personal erwarten.

Kassenärztliche Vereinigungen der Bundesländer

Kassenärztliche Vereinigungen verfügen über eine Liste der approbierten Psychotherapeuten in Ihrer Nähe und meist auch Informationen, wer gerade einen Platz frei hat. Dort bekommen Sie auch einen Termin für ein Erstgespräch, in dem die Möglichkeiten einer Therapie besprochen werden. Sollte sich diese Form der Hilfe als richtig herausstellen, erstellt der Therapeut einen Antrag an die Krankenkasse zur Kostenübernahme – ein Arzt muss dies noch befürworten. Dann haben Sie bis zu fünf sogenannte „probatorische Sitzungen", in deren Verlauf Sie überprüfen können, ob Sie mit dem Therapeuten klarkommen. Sollte Ihnen etwas doch nicht passen, haben Sie die Möglichkeit, den Therapeuten zu wechseln.

Psychotherapeuten, Psychologen, Psychiater

Psychologische Psychotherapeuten sind Dipl.-Psychologen, die sich über anschließende (analytische und/oder verhaltenstherapeutische) Zusatzqualifikationen den rechtlichen Status als approbierter ärztlicher Psychotherapeut gesichert haben und auch von den gesetzlichen Krankenkassen bezahlt werden. Die Sitzungen dauern 45–50 Minuten. Je nach Therapieart werden in der Regel zwischen 25 und 180 Sitzungen genehmigt, unter Umständen auch mehr. Man kann mit der Versichertenkarte zu ihnen kommen. Bei privaten Krankenkassen müssen Sie im Kleingedruckten nachsehen, ob ihr Vertrag Psychotherapie einschließt, und wenn ja, wie viele Sitzungen übernommen werden.

Der Begriff „Psychotherapeut" umfasst mehrere Personengruppen. Da er nicht wie „psychologische Psychotherapeuten" rechtlich geschützt ist, reicht die fachliche Palette von gut ausgebildeten, kompetenten Therapeuten verschiedenster Fachrichtungen bis zu den selbst ernannten Therapeuten, deren fachlich-persönlicher Hintergrund eher fragwürdig erscheint. Für einen Laien ist dies kaum erkennbar. Daher ist es ratsam hier möglichst kompetente Ratgeber hinzuzuziehen, z. B. die erwähnten Beratungsstellen, vielleicht auch einen Arzt Ihres Vertrauens.

Psychiater schließlich sind Fachärzte für Psychiatrie. Sie diagnostizieren Krankheiten und verordnen bei Bedarf auch eine medikamentöse Behandlung. Nicht selten sind Psychiater auch als Psychotherapeuten ausgebildet.

Zum Abschluss

Das Leben in einer immer komplexer werdenden Gesellschaft macht es notwendig, seine geistigen Fähigkeiten ständig zu verbessern und seine seelisch-psychischen Potenziale zu stärken, um dauerhaft gesund und im Gleichgewicht zu bleiben. Dazu braucht es neben einer Portion Veränderungsbereitschaft auch die entsprechenden Mittel zur Situationsanalyse sowie eine ganze Palette an Bewältigungsstrategien, die – konsequent und lebenslang angewendet – auch eine dauerhafte, positive Lebensveränderung bewirken. Dieses Buch sollte dazu beitragen, die eigenen Fähigkeiten weiter auszubauen, um mit Partnerschaft, Familie, Beruf und Umwelt wertschätzend und positiv umzugehen – und sich vor allem zu trauen, für sich zu sorgen, eigenverantwortlich zu handeln und vielleicht auch die Welt etwas besser zu verstehen.

Hilfreiche Adressen

Beratungsstellen aller Art (nach Städten oder Postleitzahlen): www.dajeb.de

Kassenärztliche Vereinigungen der Bundesländer (z. B. www.kvb.de, www.kvhessen.de www.kvhh.de)

Bundespsychotherapeutenkammer: http://www.bptk.de

Telefonseelsorge: 0800/111011 oder 800/1110222, www.telefonseelsorge.de

Suizidalität: www.suizidprophylaxe.de

Nationale Kontaktstelle für Selbsthilfegruppen, 030/31 01 89 60, www.nakos.de

Literaturliste

Bergner, Th., Burn-out-Prävention, Stuttgart 2007.

Fuchs, H./Huber, A., Selfness, München 2007.

Kaluza, G., Stressbewältigung, Heidelberg 2004.

Dehner, U. & R., Steh dir nicht im Weg!, Frankfurt/Main 2006.

Martin, R./Schuster, O., Survivalstrategien für Beruf und Alltag, Weinheim – Basel 2005.

Seiwert, L., Mehr Zeit fürs Glück, München 2002.

Wildmann, F., Feldenkrais – Übungen für jeden Tag, Frankfurt/Main 1995.

Hillert, A./Marwitz, M., Die Burn-out Epidemie oder Brennt die Leistungsgesellschaft aus? München 2006.

Hillert, A./Koch, S./Hedlund, S., Stressbewältigung am Arbeitsplatz – ein stationäres berufsbezogenes Gruppenprogramm, Göttingen 2007.

Benkert, O., Stressdepression. Die neue Volkskrankheit und was man dagegen tun kann, München 2005.

Wagner-Link, A., Verhaltenstraining zur Streßbewältigung. Arbeitsbuch für Therapeuten und Trainer, Stuttgart 2001.

Stichwortverzeichnis

Die Autoren

Claudia Fiedler, geb. 1972, ist Dipl.-Sozialpädagogin, Beraterin und Dozentin an Hochschulen. Als Mitarbeiterin der psychosozialen Beratungsstelle der HypoVereinsbank ist sie zuständig für die Beratung der Mitarbeiter, das Coaching von Führungskräften, Schulungen zu psychosozialen Themen und Gesundheitspräventionsmaßnahmen.

Hans Plank, geb. 1957, ist Dipl.-Sozialpädagoge, Berater, Business Coach, Supervisor, Trainer und Dozent an Hochschulen. Als Leiter der psychosozialen Beratungsstelle der HypoVereinsbank ist er zuständig für die Beratung der Mitarbeiter, Coaching und Schulung von Führungskräften sowie Gesundheitspräventionsmaßnahmen.

Impressum:
Verlag C. H. Beck im Internet: www.beck.de
ISBN: 978-3-406-69173-7

Wilhelmstraße 9, 80801 München
Satz: Fotosatz Buck, Kumhausen
Druck und Bindung: Beltz Bad Langensalza GmbH,
Neustädter Str. 1–4, 99947 Bad Langensalza
Umschlaggestaltung: Ralph Zimmermann – Bureau Parapluie
Umschlagbild: © Dmitry Ersler – fotolia.com
Gedruckt auf säurefreiem, alterungsbeständigem Papier
(hergestellt aus chlorfrei gebleichtem Zellstoff)